理工系の基礎数学
【新装版】

確率・統計

JN048559

理工系の基礎数学【新装版】

確率・統計
PROBABILITY AND STATISTICS

柴田 文明　Fumiaki Shibata

An Undergraduate Course
in Mathematics
for Science and Engineering

岩波書店

理工系数学の学び方

　数学のみならず，すべての学問を学ぶ際に重要なのは，その分野に対する「興味」である．数学が苦手だという学生諸君が多いのは，学問としての数学の難しさもあろうが，むしろ自分自身の興味の対象が数学とどのように関連するかが見出せないからと思われる．また，「目的」が気になる学生諸君も多い．そのような人たちに対しては，理工学における発見と数学の間には，単に役立つという以上のものがあることを強調しておきたい．このことを諸君は将来，身をもって知るであろう．「結局は経験から独立した思考の産物である数学が，どうしてこんなに見事に事物に適合するのであろうか」とは，物理学者アインシュタインが自分の研究生活をふりかえって記した言葉である．

　一方，数学はおもしろいのだがよく分からないという声もしばしば耳にする．まず大切なことは，どこまで「理解」し，どこが分からないかを自覚することである．すべてが分かっている人などはいないのであるから，安心して勉強をしてほしい．理解する速さは人により，また課題により大きく異なる．大学教育において求められているのは，理解の速さではなく，理解の深さにある．決められた時間内に問題を解くことも重要であるが，一生かかっても自分で何かを見出すという姿勢をじょじょに身につけていけばよい．

　理工系数学を勉強する際のキーワードとして，「興味」，「目的」，「理解」を強調した．編者はこの観点から，理工系数学の基本的な課題を選び，「理工系の基礎数学」シリーズ全10巻を編纂した．

1. 微分積分
2. 線形代数
3. 常微分方程式
4. 偏微分方程式
5. 複素関数
6. フーリエ解析
7. 確率・統計
8. 数値計算
9. 群と表現
10. 微分・位相幾何

各巻の執筆者は数学専門の学者ではない．それぞれの専門分野での研究・教育の経験を生かし，読者の側に立って執筆することを申し合わせた．

　本シリーズは，理工系学部の1〜3年生を主な対象としている．岩波書店からすでに刊行されている「理工系の数学入門コース」よりは平均としてやや上のレベルにあるが，数学科以外の学生諸君が自力で読み進められるよう十分に配慮した．各巻はそれぞれ独立の課題を扱っているので，必ずしも上の順で読む必要はない．一方，各巻のつながりを知りたい読者も多いと思うので，一応の道しるべとして相互関係をイラストの形で示しておく．

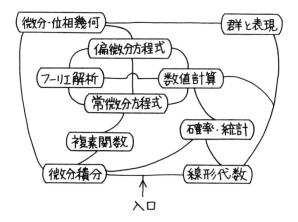

　自然科学や工学の多くの分野に数学がいろいろな形で使われるようになったことは，近代科学の発展の大きな特色である．この傾向は，社会科学や人文科学を含めて次世紀にもさらに続いていくであろう．そこでは，かつてのような純粋数学と応用数学といった区分や，応用数学という名のもとに考えられていた狭い特殊な体系は，もはや意味をもたなくなっている．とくにこの10年来の数学と物理学をはじめとする自然科学との結びつきは，予想だにしなかった純粋数学の諸分野までも深く巻きこみ，極めて広い前線において交流が本格化しようとしている．また工学と数学のかかわりも近年非常に活発となっている．コンピュータが実用化されて以降，工学で現われるさまざまなシステムについて，数学的な(とくに代数的な)構造がよく知られるようになった．そのため，これまで以上に広い範囲の数学が必要となってきているのである．

　このような流れを考慮して，本シリーズでは，『群と表現』と『微分・位相幾何』の巻を加えた．さらにいえば，解析学中心の理工系数学の教育において，代数と幾何学を現代的視点から取り入れたかったこともその1つの理由である．

　本シリーズでは，記述は簡潔明瞭にし，定義・定理・証明を羅列するようなスタイルはできるだけ避けた．とくに，概念の直観的理解ができるような説明を心がけた．理学・工学のための道具または言葉としての数学を重視し，興味をもって使いこなせるようにすることを第1の目標としたからである．歯ごたえのある部分もあるので一度では理解できない場合もあると思うが，気落ちすることなく何回も読み返してほしい．理解の手助けとして，また，応用面を探るために，各章末には演習問題を設けた．これらの解答は巻末に詳しく示されている．しかし，できるだけ自力で解くことが望ましい．

　本シリーズの執筆過程において，編者も原稿を読み，上にのべた観点から執筆者にさまざまなお願いをした．再三の書き直しをお願いしたこともある．執筆者相互の意見交換も活発に行われ，また岩波書店から絶えず示された見解も活用させてもらった．

　この「理工系の基礎数学」シリーズを征服して，数学に自信をもつようになり，より高度の数学に進む読者があらわれたとすれば，編者にとってこれ以上の喜びはない．

　　　1995年12月

編者　吉川圭二
和達三樹
薩摩順吉

まえがき

確率・統計は数学の一分野ではあるが，何となく数学らしくない，あいまいな学問という印象を与える．確率でしかものごとが言えないというのは判然としないし，統計学と聞くと面倒だ，という気持ちが先に立つ．その理由の1つに，高校数学の中では，確率・統計の影が薄い，ということがありそうだ．またことに，データで溢れた統計学の本を読むと，ごちゃ混ぜの知識に襲われる心地がして，系統的な学問ではない，という印象を受ける人が多いのではなかろうか．

事実はどうかといえば，確率論はしっかりした数学的基礎の上に立っているし，統計学には強力で美しい方法論が存在する．その一端を読者に伝えるのが，本書の役割である．また，高校での印象とは違って，大学の理工系学部では，確率・統計の果たす役割が極めて重いことに気づくはずである．数学，物理，化学，生物，電子，通信，情報といった分野では，確率・統計の基礎知識なしには何もできない，といってもあながち過言ではないのである．さらに，医学，薬学，心理，経済，経営といった分野でも，データを分析し，その背後にある本質を抜き出すためには，確率・統計の知識が必須といえよう．

本書は主に，理工系の大学学部生および技術者を念頭において，確率・統計の基礎知識を系統的に述べたものである．予備知識としては，微分積分の基礎程度を想定している．高校時代，確率・統計が好きだった，などという人は極めて少ないはずだから，高校課程の確率・統計を前提にしていない．この分野の知識は，何も要らない．第1章から読めば分かるように書いてある．したがって，社会の第一線で，たとえば投資理論と格闘中の文科系出身者にも，役立つだろう．

第1章から第6章までは，従来の確率・統計の書物とほぼ同じ項目を扱っている．まず確率を論じて，その基礎の上に統計の方法論を築くのである．しか

しながら，数学の得意な人を除いて，第3章と第4章はしんどいであろう．第3章は，重要な2つの確率法則（定理）を扱っている．また，第4章は統計解析に必要な，いくつかの関数の導出にあてられている．読者が挫折するのは，このあたりだ，という予測がつく．そこで，著者からのアドバイスだが，第3章のテーマである2つの法則は，特殊例としてではあるが第1章に登場するので，その例をみてひとまず納得することにしよう．また第4章は，使われている記号に慣れるために，導出された関数の数式をしばらくにらみ，さらにグラフを眺めて，通過することにしよう．第4章の事項のうち必要なものの要約は，5-4節に使いやすい形にまとめてある．第5章，第6章の具体的な問題は，この要約を参照しつつ解けるように工夫がしてある．もちろん，確率と統計の数学的な基礎をきちんと知りたい人は，これら2つの章をじっくりと学んでほしい．

第7章が扱うテーマは，『確率・統計』という表題の，通常の書物には書かれていない．統計学の分野で，この20年ほどの間に進展した，比較的新しい方法論が述べられている．そこに登場するエントロピーとか情報量という言葉を，読者は聞いたことがないだろうか．これらの概念は物理学や情報といった，一見したところ統計学とは無縁の分野で培われてきたのだが，統計学と結びついて，情報量基準という豊かな実りを得た．その成果を第7章で学ぶことができる．しかし，第7章を読み切るには，多少の忍耐を要する．著者は可能な限り分かりやすく，また式の変形などもていねいに書いたつもりだが，それでも新たな考え方が理解できなかったり，式の導出に戸惑うかもしれない．けれども，この章を読み切り，理解すれば，読者は基礎的な考え方のみならず，具体的な問題に対する取り組み方を含めて，豊かな収穫の果実を味わうことになるだろう．

本書の最初の構想には確率過程論が含まれていた．時間とともにランダムに変動する現象の記述と分析が，これにあたる．ブラウン運動，確率微分方程式，マスター方程式などを扱い，原稿も書き了えてあったが，紙数の関係で今回は全て見送り，巻末の文献案内にとどめることとした．これらのテーマは別の機会を期したい．

本書の執筆に際し，東京大学の薩摩順吉教授と岩波書店の片山宏海氏から，

著者の原稿に対し，多くの建設的なご意見を頂いた．本書が初学者にも分かりやすいものになっているとすれば，そのことは全くお2人のご意見によるのである．ここに記して感謝としたい．もちろん，叙述の中に誤りがあれば，その責めは著者が負うべきことはいうまでもない．

1996 年 7 月

柴田文明

目　　次

1 基礎的なことがら

確率と統計に関わる基本的なことがらをこの章で学ぶ．まず，確率的な現象を扱う際に重要な確率変数と，確率分布の考え方を理解する．その上で，典型的な確率分布を具体的に扱うことになる．

1-1 事象，集合，確率

事象と集合

われわれの周囲に見られる事がらの中には，偶然に支配されていると考えられるものが多い．たとえば，硬貨を投げた結果，表が出るか裏が出るか，という古くからの問題がある．以下しばらく，この例で考察を進めることにする．

　硬貨を投げるといった操作を**試行**(trial)という．試行の結果，起こった事がらを**事象**(event)という．硬貨投げの場合でいえば，「表が出る」という結果と，「裏が出る」という結果が最も基本的な事象である．その基本的事象の1つ1つを**根元事象**(elementary event)とよぶ．また，根元事象全体の集まりを Ω と記して，

$$\Omega = \{表が出る，裏が出る\} \tag{1.1}$$

と表現することにする．

　(1.1)を簡略化して

$$\Omega = \{表, 裏\}$$

と書くことにしよう．Ω のような根元事象の集まりを**集合**(set)という．そして集合を構成している個々の事象を，その集合の**要素**(element)という．

$$A = \{表\} \tag{1.2}$$

$$B = \{裏\} \tag{1.3}$$

は，ともに1つの要素からなる集合である．

さらに，要素のない集合 ϕ を考え，これを**空集合**(null set)という．これに対し，Ω を**全体集合**(universe)という．

したがって，

「試行によって生じる事象は，集合によって表わされる」

ことになる．この意味で，これからは，集合と集合の表わす事象とを区別せずに，事象 A などとよぶことにする．

硬貨投げの試行の場合，

$$A, B, \phi, \Omega \tag{1.4}$$

という4つの集合が考えられる．

次に，(1.4)のそれぞれの集合の間に成り立つ関係を調べよう．そのために，まず一般に集合 C を考え，要素 c が集合 C のメンバーであることを

$$c \in C$$

と書く．集合 C のすべての要素が，ある集合 D に属していれば，C は D の**部分集合**(subset)であるという．このことを

$$C \subseteqq D \tag{1.5}$$

と表わす．また，(1.5)で等号を含まない

$$C \subset D$$

が成り立っていれば，C は D の**真部分集合**であるという．

［例1］　硬貨投げの例では(1.1)〜(1.3)から

$$A \subset \Omega, \quad B \subset \Omega$$

である．∎

では(1.2)の A と，(1.3)の B との関係はどうであろうか．「表が出る」という事象と，「裏が出る」という事象は同時には起こらない．どちらか一方し

か起こらないのである．このときこの2つの事象は互いに**排反**(exclusive)するといい，集合 A, B に対して

$$A \cap B = \phi \tag{1.6}$$

と書く．記号 $\cap$ は，**共通部分**(intersection)を表わし，キャップ（帽子）と読む．すなわち，A と B との間には共通部分は存在しない．したがって

　　「根元事象は排反する」

という結論を得た．

　同様に，A と B との**和集合**(union)を

$$A \cup B$$

と記す．記号 $\cup$ はカップと読み，$A \cup B$ で表わされる事象は，A, B で表わされる事象のうちのいずれかが起こることに対応する．

　［例2］　硬貨投げの例では

$$A \cup B = \Omega$$

となっている．█

　確率の導入　　全体集合（事象の全体）Ω の要素の数を $n(\Omega)$ と書く．Ω の部分集合 C を考え，事象 C の要素の数を $n(C)$ と表わす．どの根元事象も同程度の確からしさで起こるとき，

$$P(C) = \frac{n(C)}{n(\Omega)} \tag{1.7}$$

を，事象 C の**確率**(**数学的確率**)という．

　$n(C)$ は負にはならず，$n(\Omega)$ を越えることはないから

$$0 \leqq P(C) \leqq 1 \tag{1.8}$$

が成り立つ．

　また，

$$P(\phi) = 0 \tag{1.9}$$

$$P(\Omega) = 1 \tag{1.10}$$

である．すなわち，試行の結果，何も起こらない確率はゼロであり，また根元事象のうちのいずれかは必ず起こることを表わしている．

　［例3］　硬貨投げの場合，硬貨に歪みがなく，表と裏とが同程度の確からし

さで起こるとする．(1.4)の各事象に対して

$$n(A) = 1, \qquad n(B) = 1$$
$$n(\phi) = 0, \qquad n(\Omega) = 2$$

である．したがって，それぞれの事象の起こる確率は

$$P(A) = P(B) = \frac{1}{2}$$
$$P(\phi) = 0, \qquad P(\Omega) = 1$$

となっている．▌

確率の和　2つの事象 C, D に対して和集合 $C \cup D$ の表わす事象の確率はどうなるであろうか．図1-1のように，集合(事象)を丸く閉じた曲線で表示すると分かりやすい．C と D とは Ω に含まれ，C と D との共通部分には斜線が施してある．

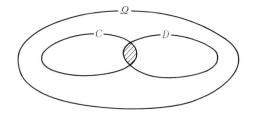

図 1-1

C の要素の数を $n(C)$ とし，D の要素の数を $n(D)$ とすると，和集合 $C \cup D$ の要素の数 $n(C \cup D)$ は

$$n(C \cup D) = n(C) + n(D) - n(C \cap D) \tag{1.11}$$

である．ここで $n(C)$ と $n(D)$ を単純に足すと，図1-1で斜線を引いた共通部分 $C \cap D$ の要素の数 $n(C \cap D)$ を2重に数えることになるので，(1.11)ではその数 $n(C \cap D)$ を引いてある．

全体集合 Ω の要素である根元事象の1つ1つは同程度の確からしさで起こるとする．このとき(1.11)を $n(\Omega)$ で割り，(1.7)を用いれば

$$P(C \cup D) = P(C) + P(D) - P(C \cap D) \tag{1.12}$$

が得られる．

ことに，C と D が排反事象であるときには，(1.6),(1.9)から

$$P(C \cap D) = P(\phi) = 0$$

となるから,

$$P(C \cup D) = P(C) + P(D) \tag{1.12}'$$

が成り立つ.

すなわち,

「排反事象の和事象が起こる確率は, それぞれの事象が起こる確率の
和で与えられる」

のである.

[例4] 硬貨投げでは, (1.2)の A と(1.3)の B とは排反事象であり, 例2
のように

$$\Omega = A \cup B$$

の関係がある. したがって

$$P(\Omega) = P(A \cup B)$$
$$= P(A) + P(B)$$

となる. 例3の結果を入れれば, $P(A)+P(B)=\dfrac{1}{2}+\dfrac{1}{2}=1=P(\Omega)$ となり,
この式はたしかに満たされている. ■

全体集合 Ω を, ある事象 C とそれ以外の事象 $\bar{C}$ とに分けると

$$\Omega = C \cup \bar{C} \tag{1.13}$$

である. C と $\bar{C}$ とが同時に起こることはないので, 両者は排反している.
(1.13)から

$$P(\Omega) = P(C) + P(\bar{C})$$

すなわち $P(\Omega)=1$ に注意して

$$P(\bar{C}) = 1 - P(C) \tag{1.14}$$

が得られる.

$\bar{C}$ を C の**余事象**(complementary event)という. (1.3)の B は(1.2)の A
の余事象である.

確率の積　図1-1で事象 C の要素の数 $n(C)$ と, 斜線を引いた C と D と
の共通部分の要素の数 $n(C \cap D)$ の比

$$\frac{n(C \cap D)}{n(C)} \tag{1.15}$$

の意味を考えてみよう．根元事象は同程度の確かさで起こるものとすれば

$$(1.15) = \frac{\text{事象 } C \text{ が起こり，かつ事象 } D \text{ が起こる数}}{\text{事象 } C \text{ が起こる数}}$$

は，事象 C が起こったという前提のもとに，事象 D が起こる確率を表わす．これを**条件つき確率**とよび，

$$P(D|C)$$

と書く．(1.15)の分母，分子をそれぞれ全体集合の要素の数 $n(\Omega)$ で割ると，

$$\frac{n(C \cap D)/n(\Omega)}{n(C)/n(\Omega)} = \frac{P(C \cap D)}{P(C)}$$

であるから，

$$P(D|C) = \frac{P(C \cap D)}{P(C)} \tag{1.16}$$

が成り立つ．C と D の役割を入れ替えれば

$$P(C|D) = \frac{P(C \cap D)}{P(D)} \tag{1.17}$$

も得られる．

　条件つき確率が，条件 C に依存しないとき，すなわち

$$P(D|C) = P(D) \tag{1.18}$$

であれば，(1.16)より

$$P(C \cap D) = P(C)P(D) \tag{1.19}$$

である．このとき，事象 C と事象 D とは互いに**独立**(independent)であるという．

　[例5]　同じ硬貨を2回投げる試行において，1回目に表の出る事象と，2回目に表の出る事象とは互いに独立である．したがって，1回目に表が出て，2回目に裏が出る確率は

$$P(A \cap B) = P(A)P(B)$$

$$= \frac{1}{2} \times \frac{1}{2} = \frac{1}{4}$$

となる．∎

1-2 確率変数，確率分布

確率変数　硬貨を投げるという試行にともなって，「表が出る」および「裏が出る」という2つの根元事象が存在した．1つ1つの根元事象に対して適当な数値を割り当てれば，具体的な問題の解析に有効である．

　[例1]　上の例では「表」に1，「裏」に0を割り当てることが多い．あるいは，1と −1 を割り当てることも，しばしば行なわれる．∎

　[例2]　サイコロ振りのときには，「1の目が出る」から「6の目が出る」まで，6個の根元事象がある．それぞれの事象に対して，$1, 2, \cdots, 6$ の数値を割り当てるのが自然であろう．∎

　そこで，試行にともなって，根元事象の1つ1つに割り当てられた数値のどれかをとる変数 X を導入し，この X を**確率変数**(stochastic variable)とよぶ．また，根元事象に割り当てられた数値を確率変数 X の**実現値**という．

　[例3]　サイコロ振りの場合，試行の結果として出る目の数値，すなわち実現値は，$1, 2, \cdots, 6$ である．∎

　一般に確率変数 X の実現値が

$$x_1, x_2, \cdots, x_n$$

というとびとびの値であるとき，X を**離散的確率変数**(discrete stochastic variable)とよぶ．また，X の実現値 x が連続であれば，**連続的確率変数**(continuous stochastic variable)という．

　[例4]　容器内に閉じ込められたある1つの気体分子の速度は，時間の経過にともなって連続的にさまざまな値をとり得る．したがって，分子の速度を表わす確率変数は連続的な実現値を有する．∎

　離散的確率分布　まず確率変数 X が離散的である場合を考えよう．

　X が $x_1, x_2, \cdots, x_n$ のうちのどの値をとるかは，試行を行なってみなければ分

からない. しかし, 1つ1つの根元事象の起こる確率が与えられていれば, 試行の結果, $x_1, x_2, \cdots, x_n$ という実現値が得られる確率は分かっている. すなわち,

「確率変数の実現値は, 確率とセットになっている.」

そこで, 確率変数 X の可能な実現値 $x_1, x_2, \cdots, x_j, \cdots, x_n$ のうち, j 番目の値 x_j をとる確率を

$$P(X = x_j) = W_{x_j}$$
$$\equiv W_j \tag{1.20}$$

と表わし, W_j を X の**確率関数**(probability function)とよぶ. また, 確率変数 X に対する W_j が定まっているとき, X の**確率分布**(probability distribution)が与えられているという.

［例5］ 硬貨投げに対して例1のように,「表」という事象に $x_1 = 1$ を,「裏」という事象に $x_2 = 0$ という実現値を割り当てる. 2つの事象が同程度の確からしさで起こるとすれば, 1-1節の例3から

$$P(X = x_1) = P(X = 1) = W_1 = \frac{1}{2}$$

$$P(X = x_2) = P(X = 0) = W_2 = \frac{1}{2}$$

が得られる. ▌

［例6］ サイコロ振りでは例3から

$$P(X = x_j) = W_j = \frac{1}{6} \qquad (j = 1, 2, \cdots, 6)$$

となる. ここで, $x_1 = 1$, $x_2 = 2$, $\cdots$, $x_6 = 6$ である. ▌

では, 確率関数は一般的にどのような性質をもっているだろうか. まず W_j は j 番目の実現値 x_j が起こる確率であるから負になることはなく, また1以下である.

$$0 \leqq W_j \leqq 1 \tag{1.21}$$

さらに, 確率変数 X の実現値 $x_1, x_2, \cdots, x_n$ は, 根元事象の1つ1つに割り当てられた数値であるから,「実現値 x_1 が得られる」,「x_2 が得られる」, $\cdots$,「x_n が得られる」という事象は互いに排反している((1.6)とそれにつづく説明

参照). 排反事象に対する関係式(1.12)′, およびすべての実現値からなる集合

$$\Omega = \{x_1, x_2, \cdots, x_n\}$$

に対して成り立つ関係式(1.10)から,

$$P(\Omega) = \sum_{j=1}^{n} W_j = 1 \qquad (1.22)$$

が得られる.

すなわち, 確率関数は(1.21),(1.22)という2つの関係式を満たさなければならない. 例5,例6ではたしかにそうなっている.

次に確率変数 X の実現値が, ある値 x 以下である確率を

$$F(x) = P(X \leqq x) \qquad (1.23)$$

と表わし, この $F(x)$ を**分布関数**(distribution function)とよぶ. (1.23)を確率関数を用いて表わすと

$$F(x) = \sum_{x_j \leqq x} W_j \qquad (1.24)$$

となる.

[例7] サイコロ振りのとき, 例6から

$$F(3) = P(X \leqq 3)$$
$$= W_1 + W_2 + W_3$$
$$= \frac{1}{6} \times 3 = \frac{1}{2}$$

また,

$$F(3.8) = P(X \leqq 3.8)$$
$$= W_1 + W_2 + W_3$$
$$= \frac{1}{2}$$

と同じ結果を与える. ∎

ここで, 分布関数の性質をすこし調べておこう. (1.24)から

$$F(\infty) = \sum_{x_j \leqq \infty} W_j \qquad (1.25)$$

となるが，$x_j \leqq \infty$ という条件はすべての実現値を含んでいる．したがって
(1.22)から

$$F(\infty) = \sum_{j=1}^{n} W_j = 1 \qquad (1.26)$$

となる．また，$x_j \leqq -\infty$ という条件にあう実現値は存在せず，

$$F(-\infty) = 0 \qquad (1.27)$$

である．

さらに，X の実現値がある区間に入る確率は，$F(x)$ を使って

$$
\begin{aligned}
P(a < X \leqq b) &= \sum_{a < x_j \leqq b} W_j \\
&= \sum_{x_j \leqq b} W_j - \sum_{x_j \leqq a} W_j \\
&= F(b) - F(a) \qquad (1.28)
\end{aligned}
$$

と表わせる．

連続的確率分布　ここまでは離散的確率変数の場合であった．では，確率変数 X の実現値 x が連続な場合を扱うには，どうすればよいであろうか．離散的確率変数に対しては，X が実現値 x_j をとる確率関数 W_j が分かれば，X の従う確率分布が定まるのであった．連続な実現値をもつ確率変数 X に対しては，実現値の微小区間

$$x \sim x + \Delta x$$

を考え，X の実現値がこの間に入る確率を

$$P(x < X \leqq x + \Delta x) = W(x) \Delta x \qquad (1.29)$$

と表わし，$W(x)$ を**確率密度**(probability density)という．離散的確率分布に従う確率変数の関係式から，連続的な関係式に移るには

$$\sum_{j=1}^{n} \bullet \rightarrow \int_{-\infty}^{\infty} \bullet\, dx \qquad (1.30)$$

のように和を積分で置き換えればよい．（1.30）の右辺の積分範囲を，$-\infty$ から ∞ までにしてあるが，これは，「X の実現値 x の取り得る全ての範囲」を指すものと約束しておく．すなわち，x の上下限が有限であると，（1.30）の代りに，たとえば

$$\int_a^b \cdot \, dx$$

となるが，(1.30)とかけば，こういう場合も含まれていると了解しておこう．そんなあいまいなことで大丈夫か，と思うかもしれないが，積分範囲をそのつどきちんと考えるので，心配するには及ばない．

　では，(1.30)のような置き換えでよい理由はなぜであろう．それは，定積分という操作が，本質において和をとることだからである．積分の区分求積法を学んだ人や，計算機を使って数値積分を行なったことのある人であれば，すぐに思いあたるであろう．

　したがって連続確率変数に対しては，(1.22)の代りに

$$\int_{-\infty}^{\infty} W(x)dx = 1 \tag{1.31}$$

となり，(1.24)の分布関数は

$$F(x) = \int_{-\infty}^{x} W(x)dx \tag{1.32}$$

で与えられる．

　また，(1.32)から，(1.31)に注意して

$$F(\infty) = 1, \quad F(-\infty) = 0 \tag{1.33}$$

が得られる．(1.33)は(1.26),(1.27)と同じである．

　(1.32)で $x=b$ としたものと，$x=a$ としたものの差をつくると

$$F(b)-F(a) = \int_a^b W(x)dx$$
$$= P(a<x\leqq b) \tag{1.34}$$

が得られ，これも(1.28)と同一の関係式である．

1-3 順列と組合せ

前節では確率変数 X が離散的な場合と連続的な場合を考察して，前者に対しては(1.20)の確率関数 W_j を，また後者に対しては(1.29)の確率密度 $W(x)$ を

与えれば，X の性質は定まることを学んだ．つぎに，W_j と $W(x)$ の典型例を
とりあげることにしよう．そのためには，いくつかの準備が必要である．

　順列と組合せ　　n 個の異なるものの中から r 個を選び出して1列に並べた
ものを，n 個から r 個を選び出す**順列**（permutation）という．

　［例1］　$5,6,7$ という3つの異なる数字から，2つの異なる数字を選んで並
べる順列は全部で6通りあり，

$$56, 57, 65, 67, 75, 76$$

である．∎

　次に，$a_1, a_2, a_3, \cdots, a_n$ を n 個の異なるものと考え，そのうちから互いに異
なるものを r 個（$n \geqq r$）取り出して1列に並べる並べ方の総数を $_nP_r$ と記す．
この総数を知るために，まず図1-2のような r 個の枡目を考える．そしてこの
枡目に，$a_1, a_2, \cdots, a_n$ の中から1つずつ選んで入れていくことにしよう．

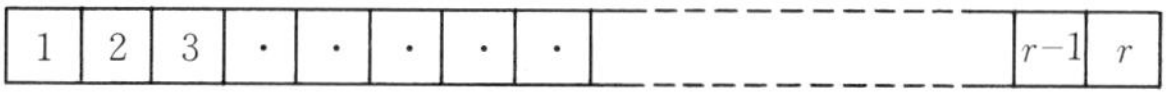

| 1 | 2 | 3 | ・ | ・ | ・ | ・ | ・ | ------ | $r-1$ | r |

図 1-2

1番目の枡目には $a_1, a_2, \cdots, a_n$ のうちのどれを入れてもよいから，n 通りの場
合がある．2番目の枡目には残りの $n-1$ 個のどれを入れてもよいから，$n-1$
通りの場合がある．3番目には $n-2$ 通り，$\cdots$，r 番目には $n-(r-1)=n-r$
$+1$ 通りの場合がある．1番目の n 通りの入れ方の1つ1つに対して，2番目
の入れ方は $n-1$ 通りある．したがって，1番目と2番目に入れる際の入れ方
の総数は $n \times (n-1)$ 通りとなる．

　これを一般化して，n 個の異なるものから r 個を取り出して1列に並べる順
列の総数は

$$_nP_r = n(n-1)(n-2)\cdots(n-r+1) \tag{1.35}$$

となる．ことに $r=n$ に対しては

$$_nP_n = n(n-1)(n-2)\cdots 3\cdot 2\cdot 1$$
$$\equiv n! \tag{1.36}$$

となる．ここに記号 ! は階乗と読み，$0!=1$ と定義されている．この記号を使
うと（1.35）は

$$_nP_r = \frac{n!}{(n-r)!} \tag{1.37}$$

と書ける.

　順列は1列に並べる順番が重要であるが，順番は問題にしないという取り出し方もある．これを**組合せ**(combination)という.

　[例2]　$5, 6, 7$ という3個の異なる数字の中から2個の異なる数字を取り出す組合せは

$$56, 57, 67$$

の3通りである．56と65は同じ組合せである. █

　n 個の異なるものの中から r 個を取り出す組合せの総数を $_nC_r$ と記すことにする.

　n 個の異なるものを $a_1, a_2, \cdots, a_n$ と表わし，その中から互いに異なる r 個 $(n \geqq r)$ を取り出したところ，その構成メンバーが

$$a_1, a_2, \cdots, a_r \tag{1.38}$$

であったとしよう．これら r 個のメンバーを順序づけて並べ順列をつくると，その総数は(1.36)より

$$_rP_r = r!$$

である.

　(1.38)は $_nC_r$ 個ある組合せの中の1つである．可能な全ての組合せの1つ1つから順列をつくれば，順列の総数 $_nP_r$ が得られる．すなわち

$$_nC_r \times r! = {}_nP_r \tag{1.39}$$

という関係があり，これから

$$_nC_r = \frac{_nP_r}{r!}$$

$$= \frac{n!}{r!(n-r)!} \tag{1.40}$$

が得られる．ここで(1.37)を使った.

　[例3]　異なる3個の数字 $5, 6, 7$ から2個を選び出して並べる順列の数は，(1.37)から

$$_3P_2 = \frac{3!}{(3-2)!} = 3 \times 2 = 6$$

また組合せの数は(1.40)から

$$_3C_2 = \frac{3!}{2!(3-2)!} = \frac{3 \times 2}{2 \times 1} = 3$$

となる. たしかに例1, 例2の結果と一致している. ∎

1-4 ベルヌーイ試行と2項分布

前節の結果は以下の考察で重要な役割を演ずることになる. まず, 最も基本的な試行の考察から始めよう.

ベルヌーイ試行　　最も単純な試行は, 硬貨投げのように, 2つの事象から成るものである. 2つの事象とはこの場合, (1.2),(1.3)から

$$A = \{表\}, \quad B = \{裏\}$$

である. また, 1-1節例3より

$$P(A) = \frac{1}{2}, \quad P(B) = \frac{1}{2}$$

も与えられている. B は A の余事象 $\bar{A}$ であり

$$P(\bar{A}) = P(A) \tag{1.41}$$

が成り立っている.

しかし関係式(1.41)がいつも成立しているわけではない.

［例1］　サイコロ振りで, 1か2の目の出る事象を A とすると

$$A = \{1,2\}$$
$$\bar{A} = \{3,4,5,6\}$$

である. どの目も同程度の確からしさで起こるとすれば

$$P(A) = \frac{1}{6} \times 2 = \frac{1}{3}$$

$$P(\bar{A}) = \frac{1}{6} \times 4 = \frac{2}{3}$$

であり，(1.41)は成り立たない．▮

そこで，任意の事象 A が起こる確率を

$$P(A) = p \tag{1.42}$$

とおくと，(1.14)より

$$P(\bar{A}) = 1-p \tag{1.43}$$

となっている．このとき，事象 A に注目し，その事象が起こったか(A)，起こらなかったか($\bar{A}$)ということを問題にして，同一の試行を何回も繰り返す．これが最も基本的な試行で，**ベルヌーイ(Bernoulli)試行**とよばれている．それぞれの試行の結果は他の試行に影響を与えないので，**独立試行**ともいわれる．

いま，同一の試行を n 回くり返すものとして，事象 A が起こった回数を x と表わす．このとき，「事象 A が起こらなかった」，「1回起こった」，…，「n回起こった」，という可能性があり，x の値は

$$x = 0, 1, 2, \cdots, n \tag{1.44}$$

のいずれかである．したがって，n 回の試行からなるベルヌーイ試行のうち，事象 A が起こった回数を表わす離散的な確率変数 X の実現値が x だと考えてよい．1-2節の書き方では

$$x_0 = 0, \ x_1 = 1, \ x_2 = 2, \ \cdots, \ x_n = n \tag{1.45}$$

である．ただし，1-2節では $x_1, x_2, \cdots, x_n$ という n 個の実現値を考えたが，ベルヌーイ試行では $x_0 = 0$ が加わっている．

次に，n 回の試行のうち事象 A が x 回起こり，$\bar{A}$ が残りの $n-x$ 回起こる確率を求めよう．

ベルヌーイ試行ではそれぞれの試行は独立である．したがって，たとえば事象 A が引き続いて2回起こる確率は

$$p \times p = p^2$$

である．また，2回の試行を行なって1回も A が起こらない(2回 $\bar{A}$ が起こる)確率は

$$(1-p) \times (1-p) = (1-p)^2$$

となる．

さて，2回の試行で A が1回起こる($\bar{A}$ も1回起こる)確率は

$$p \times (1-p)$$

となりそうだが, そうはいかない.

なぜなら, 引き続く2回の試行で A が1回, $\bar{A}$ も1回起こる場合は2通りあるからである. すなわち, まず A が, 次に $\bar{A}$ が起こる場合 $(A\bar{A})$ と, 逆の順になる場合 $(\bar{A}A)$ がある. 事象 $A\bar{A}$ と $\bar{A}A$ とは互いに排反し, どちらかの事象が起こる確率は, (1.12)′ より和で与えられる. したがって, $n=2$ 回のベルヌーイ試行で, 事象 A が $x=1$ 回起こる確率は

$$p \times (1-p) + (1-p) \times p = 2p(1-p) \tag{1.46}$$

となる.

そこで一般の場合にもどり, n 回の試行中, A が x 回起こる($\bar{A}$ が $n-x$ 回起こる)確率を考えると, それは

$$p^x \times (1-p)^{n-x} \tag{1.47}$$

に比例することが, まず, 了解されよう.

次に, (1.46)に見られるような係数の一般表式を求めよう. ある1つの試行をとり出してみると, A と $\bar{A}$ とは

$$AAA\bar{A}A\bar{A}\bar{A} \cdots A\bar{A}A$$

といった具合に並んでいる. このうち, A が x 個, $\bar{A}$ は $n-x$ 個あり, 並ぶ順序は問わないことにすれば, その総数は何通りあるだろうか.

この問題は, 次のように考えると分かりやすい. 図 1-3 のように, n 個の枡目がある. その1つ1つは異なるものとしよう.

図 1-3

この n 個の異なる枡目の中から x 個を指定して, そこに x 個の A を1つずつ入れる総数を求めればよい. これは(1.40)の組合せの総数そのものであって

$$_nC_x = \frac{n!}{x!(n-x)!} \tag{1.48}$$

が得られる.

したがって, 事象 $A, \bar{A}$ からなる n 回のベルヌーイ試行で

$$P(A) = p, \qquad P(\bar{A}) = 1-p$$

としたとき，事象 A が x 回起こる確率は(1.47),(1.48)から

$$P(X=x) = {}_nC_xp^x(1-p)^{n-x} \qquad (x=0,1,2,\cdots,n) \tag{1.49}$$

で与えられる.

2項分布　(1.49)で得られた結果を **2項分布**(binomial distribution)，あるいは**ベルヌーイ分布**(Bernoulli distribution)といい $B(n,p)$ で表わす．確率関数を W_x としてもういちどかくと

$$W_x = {}_nC_xp^x(1-p)^{n-x} \tag{1.50}$$

である.

図1-4には例1に対応した $p=1/3$ の場合の W_x が示してある．$n=5,9,50$ と n を変化させている．図の横軸は x であり，$x=0,1,2,\cdots,n$ というとびとびの値しか取らないが，見やすくするために点と点との間を実線でつないでいる．同一の p に対して n を増すにつれ，左右対称なグラフに近づいていく．この性質については，あとで詳しく調べる.

2項分布(1.50)が(1.22)を満たしていることを示そう．まず

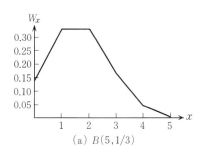

(a) $B(5,1/3)$

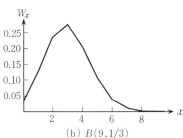

(b) $B(9,1/3)$

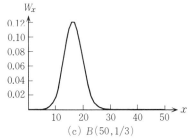

(c) $B(50,1/3)$

図1-4　2項分布 $B(n,p)$ のグラフ．横軸 x に対して，(1.50)の W_x が描いてある．点と点の間は実線でつないである.

$$(p+q)^1 = p+q \tag{1.51a}$$

$$(p+q)^2 = p^2+2pq+q^2 \tag{1.51b}$$

$$(p+q)^3 = p^3+3p^2q+3pq^2+q^3 \tag{1.51c}$$

などの展開式の係数の間には

という，**パスカルの3角形**の関係式が成り立つ．ある行の隣りあう2つの数を加えると，その下の数が得られるのである．

この3角形は $_nC_x$ (1.48)を用いると

$$\tag{1.52}$$

$$
\begin{array}{ccccccc}
& & _1C_0 & & _1C_1 & & \\
& _2C_0 & & _2C_1 & & _2C_2 & \\
_3C_0 & & _3C_1 & & _3C_2 & & _3C_3
\end{array}
$$

と書き直すことができる．したがって，たとえば $n=3$ であれば(1.51c)より

$$(p+q)^3 = {}_3C_0q^3+{}_3C_1pq^2+{}_3C_2p^2q+{}_3C_3p^3 \tag{1.51c$'$}$$

である．これを一般化すれば

$$(p+q)^n = \sum_{x=0}^{n} {}_nC_x p^x q^{n-x} \tag{1.53}$$

が得られる．

(1.53)で $q=1-p$ とおけば(1.50)に注意して

$$1 = \sum_{n=0}^{n} {}_nC_x p^x (1-p)^{n-x}$$

$$= \sum_{n=0}^{n} W_x \tag{1.54}$$

となる．2項分布の確率関数 W_x はたしかに(1.22)を満たしていることが分かった．

ここで，(1.53)が一般的に正しいことを示すためには，パスカルの3角形(1.52)が任意の $n, x\ (=0,1,2,\cdots,n)$ に対して成立すること，すなわち

$$_nC_x = {}_{n-1}C_{x-1}+{}_{n-1}C_x \tag{1.55}$$

が示せればよい．(1.40)を使って(1.55)の右辺を計算すると

$$_{n-1}C_{x-1} + {}_{n-1}C_x = \frac{(n-1)!}{(x-1)!(n-x-1)!}\left\{\frac{1}{n-x}+\frac{1}{x}\right\}$$

$$= \frac{n!}{x!(n-x)!} = {}_nC_x$$

となって，たしかに(1.55)が成立している．

例題 1-1 例 1 と同様に，事象 A の起こる確率 $P(A)$ は 1/3 であるとする．$n=5$ のベルヌーイ試行に対して，W_1, W_3 を求めよ．

［解］ $p=1/3$ であるから

$$W_1 = {}_5C_1\left(\frac{1}{3}\right)\left(\frac{2}{3}\right)^4 \fallingdotseq 0.329$$

また

$$W_3 = {}_5C_3\left(\frac{1}{3}\right)^3\left(\frac{2}{3}\right)^2 \fallingdotseq 0.165$$

である． ∎

1-5 ポアソン分布

ポアソン分布 2 項分布(1.50)で n が大きく，p は小さい極限を考えよう．ただし，大きな数 n と，小さな数 p との積

$$np \equiv \mu \tag{1.56}$$

は有限であるとする．

(1.50)の p を(1.56)を用いて書き直すと

$$W_x = {}_nC_x\left(\frac{\mu}{n}\right)^x\left(1-\frac{\mu}{n}\right)^{n-x}$$

$$= \frac{n(n-1)(n-2)\cdots(n-x+1)}{x!\,n^x}\mu^x\left(1-\frac{\mu}{n}\right)^{n-x} \tag{1.57}$$

となる．この式において，n は大きな数なので

$$n-1,\ n-2,\ \cdots,\ n-x+1,\ n-x$$

などは全て n で置き換えてよい．すると，$n(n-1)\cdots(n-x+1)\cong n^x$ だから，

$$W_x \cong \frac{1}{x!}\mu^x\Bigl(1-\frac{\mu}{n}\Bigr)^n$$

を得る．さらに，指数の定義

$$\Bigl(1-\frac{\mu}{n}\Bigr)^n \xrightarrow[n\to\infty]{} e^{-\mu}$$

に注意すると，2項分布の p が小さく n が大きい極限で

$$W_x = \frac{\mu^x}{x!}e^{-\mu} \tag{1.58}$$

という確率分布を得る．

　確率関数が(1.58)で与えられる分布を**ポアソン分布**（Poisson distribution）という．

　この分布は，導出法からも分かるように，起こることのごく稀な事象（p が

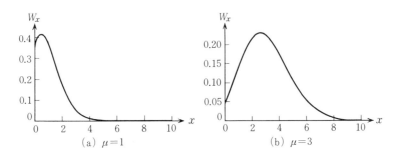

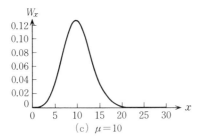

図 1-5　いくつかの μ の値に対するポアソン分布(1.58)．点と点の間は実線でつないである．

小)に対する多数回試行(n は大)によって生じる. 図1-5に μ の値を変化させ
たときのポアソン分布(1.58)が描いてある. 見やすくするために点の間を実線
でつないである. (1.58)で与えられる確率関数は, $n \to \infty$ としているので,

$$\sum_{x=0}^{\infty} W_x = \sum_{x=0}^{\infty} \frac{\mu^x}{x!} e^{-\mu}$$
$$= e^{\mu} e^{-\mu}$$
$$= 1 \tag{1.59}$$

という関係を満たしている.

　[例1]　放射性元素から放出される粒子の数をガイガー計数管でカウントす
る. カウント数を N_x とし, N_x がポアソン分布に比例し,

$$N_x = A W_x$$
$$= A \frac{\mu^x}{x!} e^{-\mu}$$

と表わされると考えたときの理論曲線(実線)と, ラザフォードによる7.5秒ご
との実測値とが図1-6に描いてある. 理論曲線は $\mu = 3.87$ の場合の

$$\frac{N_x}{A} = W_x$$

であり, 実測値から求めた $A = 54.4 \times e^{3.87} \fallingdotseq 2608.07$ で N_x を割って比較してあ

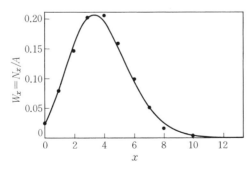

図1-6　放射性元素から放出される粒子数(相対値). 図中の・は
　　観測値. 曲線は $\mu = 3.87$ のポアソン分布(点の間を実線でつな
　　いである)

る．理論値と実測値との一致はよい．▋

　ポツンポツンとやってくる稀な事象を，多数回観測（この例では約2600回）
すると，ポアソン分布になることが多い．これはその1例である．図を見ると
実によく合っているが，どの程度合っているかの吟味が本当は必要であり，そ
のことは第6章のテーマとなる．ここでは，自然界に実際，ポアソン分布に合
う現象が存在するということで満足しよう．

1-6　正規分布

　正規分布　図1-4(a)をみると，$n=5$の2項分布ではxのとり得るすべて
の範囲に分布が広がっている．しかし，$n=50$の図1-4(c)では$x \cong 16.7$の回り
の比較的狭い範囲に分布が集中している．実際，xが30以上ではほとんどゼ
ロとなっている．すなわち2項分布では，nが大きくなるにつれて，xのとり
得る0からnの範囲のうち，狭い領域に分布が集中するようになる．そこで
nを大きくしたときの2項分布の振舞いを調べてみよう．ポアソン分布を得る
際にはpが小さいという条件をつけたが，ここではpの値の大小は問わない．

　nが大きくなると(1.50)は，図1-4(c)にみられるように，鋭い1つのピー
クをもつようになる．ピークの位置を$x=\mu$とする．ここで，W_xの代りに
$\ln W_x (=\log_e W_x)$を考えよう．対数関数は単調なので，W_xが増えれば$\ln W_x$
も増え，W_xが減れば$\ln W_x$も減少する．したがって，関数の増減を問題にす
る限り，対数を考えても同じである．

　nが大きな値をとり，確率分布のピーク位置$x=\mu$も大きな場合を扱う．ピ
ークは鋭いので，問題となるxの値はμの近くに限られる．すなわち，$x \gg 1$
である．

　ここでxは離散値，すなわちとびとびの値をとるのだが，十分大きなxに
対しては，たとえば$\ln x!$はxの連続関数とみなしてよい．xの値が1だけ変
化しても$\ln x!$はほんのわずかしか変化しないからである．したがって，とび
とびの値をとる$\ln x!$という関数の平均変化率を，微分係数とみなしてよいだ
ろう．すなわち

$$\frac{\ln(x+\varDelta x)!-\ln x!}{\varDelta x} \cong \frac{d}{dx}\ln x! \qquad (1.60)$$

が成り立つ. ここで, x の微小変化 $\varDelta x=1$ である. (1.60)から,

$$\frac{d}{dx}\ln x! \cong \ln(x+1)$$

$$\cong \ln x \qquad (1.61)$$

が得られる. (1.61)を得る際に, $x \gg 1$ を使っている. また

$$\frac{d}{dx}\ln(n-x)! \cong \frac{\ln[n-(x+1)]!-\ln(n-x)!}{1}$$

$$= -\ln(n-x) \qquad (1.62)$$

である.

一方, (1.50)から

$$\ln W_x = \ln n!-\ln x!-\ln(n-x)!+x\ln p+(n-x)\ln(1-p) \qquad (1.63)$$

であるから, (1.61),(1.62)を用いて

$$\frac{d}{dx}\ln W(x) \cong -\ln x+\ln(n-x)+\ln p-\ln(1-p) \qquad (1.64)$$

が得られる. W_x は連続関数とみなせるので $W(x)$ と書いた.

$\ln W_x$ の鋭いピークを与える $x=\mu$ は(1.64)をゼロとおいた解である. なぜなら, ピークにおける接線の傾きはゼロであるから. したがって,

$$\ln\frac{\mu}{n-\mu} = \ln\frac{p}{1-p}$$

すなわち

$$\mu = np \qquad (1.65)$$

となる.

さらに, (1.64)をもういちど微分して

$$\frac{d^2}{dx^2}\ln W(x) \cong -\left(\frac{1}{x}+\frac{1}{n-x}\right)$$

$$= -\frac{n}{x(n-x)} \qquad (1.66)$$

を得る. $x=\mu$ における(1.66)の値は

$$\left[\frac{d^2}{dx^2}\ln W(x)\right]_{x=\mu} \cong -\frac{n}{\mu(n-\mu)}$$

$$= -\frac{1}{p(1-p)n}$$

$$\equiv -\frac{1}{\sigma^2} \tag{1.67}$$

と計算される. ここで, σ^2 という量を導入し, (1.65)を使った. すなわち

$$\sigma^2 = np(1-p) \tag{1.68}$$

である.

さて, (1.63)を $x=\mu$ の回りでテイラー展開すると

$$\ln W(x) = \ln W(\mu) + (x-\mu)\left[\frac{d}{dx}\ln W(x)\right]_{x=\mu}$$

$$+\frac{1}{2}(x-\mu)^2\left[\frac{d^2}{dx^2}\ln W(x)\right]_{x=\mu} + \cdots$$

となるが, 上で述べた理由によって $x=\mu$ における $\ln W(x)$ の微係数はゼロであることと, (1.67)を使って,

$$\ln W(x) = \ln W(\mu) - \frac{(x-\mu)^2}{2\sigma^2} + \cdots \tag{1.69}$$

を得る.

ピークは鋭いので $(x-\mu)^3$ 以上の項は $n \to \infty$ とともに微小な量となり, 無視してよい. したがって(1.69)より

$$W(x) = W(\mu)e^{-(x-\mu)^2/2\sigma^2} \tag{1.70}$$

が得られた.

ここで

$$\int_{-\infty}^{\infty} e^{-a(x-b)^2}dx = \int_{-\infty}^{\infty} e^{-au^2}du$$

$$= \sqrt{\frac{\pi}{a}} \quad (a>0) \tag{1.71}$$

という積分公式を使う. この積分が b の値によらないことを確かめるには,

上のように $x-b=u$ と変数変換するとよい．(1.71)を使って(1.31)の関係，$\displaystyle\int_{-\infty}^{\infty} W(x)dx=1$，を満たすように $W(\mu)$ を決めると

$$W(x) = \frac{1}{\sqrt{2\pi\sigma^2}}e^{-(x-\mu)^2/2\sigma^2} \tag{1.72}$$

となる．

確率密度が(1.72)で与えられる確率分布を**正規分布**(normal distribution)あるいは**ガウス分布**(Gaussian distribution)といい，$N(\mu,\sigma^2)$ と表わす．第2章で詳しい説明を行なうが，μ を平均，σ^2 を分散，σ を標準偏差とよぶ．図1-7に $\mu=5$，$\sigma=1$ に対する(1.72)のグラフが描いてある．

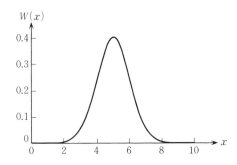

図1-7 正規分布の確率密度 $W(x)$．$\mu=5$，$\sigma=1$．

(1.72)で

$$z = \frac{x-\mu}{\sigma} \tag{1.73}$$

と変数を変換すると

$$e^{-z^2/2}$$

に比例する確率密度が得られる．変換(1.73)を変数の**標準化**という．(1.31)の条件

$$\int_{-\infty}^{\infty} W(z)dz = 1 \tag{1.74}$$

を満たすようにすれば，(1.73)に対応する確率変数

$$Z = \frac{X-\mu}{\sigma} \tag{1.75}$$

の確率密度は

$$W(z) = \frac{1}{\sqrt{2\pi}} e^{-z^2/2} \tag{1.76}$$

となる．(1.75)は，(1.73)に対応する確率変数の標準化である．確率密度が
(1.76)，すなわち，$\mu=0$，$\sigma^2=1$，であるような分布 $N(0,1)$ を**標準正規分布**
(standard normal distribution)という．

例題 1-2　X が $N(1,4)$ に従うとき，確率
$$P(0.5<X<1.5)$$
を求めよ．

［解］　変数を変換して

$$Z = \frac{X-1}{2}$$

とすれば，Z は $N(0,1)$ に従う．この変換にともなって
$$0.5 < x < 1.5 \to -0.25 < z < 0.25$$
となるので，求める確率は

$$P(-0.25<Z<0.25) = \int_{-0.25}^{0.25} \frac{1}{\sqrt{2\pi}} e^{-z^2/2} dz$$

となる．

さて，定積分を行なうときの積分変数 z を
$$z \to x$$
とかいても，その値は変わらないことを思い出そう．すなわち，任意の a, b
に対して，

$$\int_a^b \frac{1}{\sqrt{2\pi}} e^{-z^2/2} dz = \int_a^b \frac{1}{\sqrt{2\pi}} e^{-x^2/2} dx$$

が成り立つ．そこで，

$$\phi(z) = \int_z^\infty \frac{1}{\sqrt{2\pi}} e^{-x^2/2} dx$$

という定積分を計算し，$\phi(z)$ の値を数表にしておくと便利である．このよう

にして作った巻末の附表 2 を引いて

$$\phi(0.25) = 0.4013$$

を得る. また標準正規分布は偶関数であることを使うと,

$$
\begin{aligned}
P(-0.25 < Z < 0.25) &= 2\left(\int_0^\infty - \int_{0.25}^\infty\right)\frac{1}{\sqrt{2\pi}}e^{-x^2/2}dx \\
&= 2 \times \{\phi(0) - \phi(0.25)\} \\
&= 1 - 2 \times 0.4013 \\
&= 0.1974
\end{aligned}
$$

となる. ▮

中心極限定理　　2 項分布 $B(n, p)$ から出発して, n の大きな極限をとり, X の従う正規分布(1.72)に到達した. さらに変数変換(1.75)を行なうことによって確率変数 Z は標準正規分布(1.76)に従うことを示した. n の大きな極限における確率変数のこのような振舞いは, **中心極限定理**(central limit theorem)とよばれるものの 1 例である. 詳しくは第 3 章で扱う.

大数の法則　　(1.72)で

$$\bar{x} = \frac{x}{n} \tag{1.77}$$

という変数変換を行なうと

$$W(\bar{x}) = \frac{1}{\sqrt{2\pi(pq/n)}}e^{-(\bar{x}-p)^2/2(pq/n)} \tag{1.78}$$

となる. ここに, $q = 1 - p$ である. (1.78)は $N(p, pq/n)$ という分布で

$$\int_\infty^\infty W(\bar{x})d\bar{x} = 1 \tag{1.79}$$

を満たしている.

(1.78)で形式的に $n \to \infty$ とすると

$$N\left(p, \frac{pq}{n}\right) \to N(p, 0) \tag{1.80}$$

となり, これを図示すると図 1-8 のようになる. n が大きくなると正規分布の幅は極めて細くなり, $\bar{x} = p$ のピークははなはだ高くなる. そして,

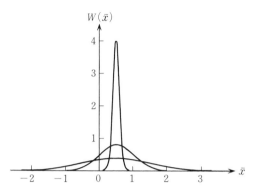

図 1-8　n を大きくしていったときの(1.78)の変化．$p=1/2$ は共通であるが，幅の広い方から $\sqrt{pq/n}=1, 0.5, 0.1$ である．

$$幅 \to 0, \quad 高さ \to \infty$$

の極限を

$$\lim_{n \to \infty} \frac{1}{\sqrt{2\pi(pq/n)}} e^{-(\bar{x}-p)^2/2(pq/n)} = \delta(\bar{x}-p) \tag{1.81}$$

と書き，$\delta(\bar{x}-p)$ をディラックのデルタ関数(Dirac delta-function)という．

　すなわち，n 回のベルヌーイ試行を行なって，事象 A が x 回起こるとき，その相対的な頻度を表わす確率変数

$$\bar{X} = \frac{X}{n} \tag{1.82}$$

の実現値

$$\bar{x} = \frac{x}{n}$$

は限りなく

$$P(A) = p$$

に近づくのである．これは，大数の法則(law of large numbers)とよばれるものの1例である．一般的には第3章で論じよう．

第1章演習問題

[1] 事象 A の起こる確率 $P(A)$ が $\dfrac{1}{3}$ のベルヌーイ試行を 10 回行なうとき，A が 2 回起こる確率を求めよ．

[2] 白球が m 個，赤球が n 個ある．白球と赤球を混合して一列に並べるときの順列の数を求めよ．ただし，白球どうし赤球どうしは，それぞれのあいだで区別できないものとする．

[3] N 個の気体分子が体積 V の容器につめられている．容器中の小部分の体積を v とするとき，n 個の気体分子をこの小部分中に見いだす確率を求めよ．

[4] 平均 μ が 3 のポアソン分布がある．確率変数 X の実現値 x が 2 以上となる確率を求めよ．

2 特性関数と平均量

確率関数，あるいは確率密度が分かれば，確率変数 X の性質は完全に定まる．しかし，確率分布の大まかな特徴を示す量があれば便利である．たとえば，分布の中心位置の目安を与える量や，分布の広がり具合を示す量を知りたい．期待値とよばれる量がその役割をはたすことを示そう．また，確率分布を扱う際に特性関数とよばれる関数が有用であることも示すことにしよう．

2-1 期 待 値

確率分布の大まかな性質を知るために，期待値とよばれる量を導入する．

X の期待値　まず，確率変数 X が離散的な実現値 $x_1, x_2, \cdots, x_n$ をとる場合を考える．(1.20)より，確率関数は

$$P(X = x_j) = W_{x_j}$$
$$\equiv W_j \tag{2.1}$$

であった．

次に，X の実現値 x_j と W_j との積 $x_j W_j$ を作り，その意味を考えてみよう．確率変数 X が，あるクラスの試験の点数を表わすとき，実現値 x_j はその試験の結果，学生が得た点数であり，

$$x_1 = 40,\ x_2 = 50,\ x_3 = 60,\ x_4 = 70,\ x_5 = 80,\ x_6 = 90,\ x_7 = 100$$

のように，10 点刻みになっているとしよう．また，クラス全体の人数は分からないが，40 点をとった学生のクラス全体に占める割合を W_1，50 点をとった学生の割合を W_2，$\cdots$，100 点をとった学生の割合を W_7 とする．いま，W_1 ＝0.1 だったとする．W_2 以下も含め全体は，

$W_1 = 0.1$, $W_2 = 0.1$, $W_3 = 0.3$, $W_4 = 0.2$, $W_5 = 0.1$, $W_6 = 0.1$, $W_7 = 0.1$

という具合になっているとしよう．このとき，$x_1W_1＝4$ は 40 点をとった学生全員（クラスの 1 割）の，クラス総点への寄与を表わしている．同様に，50 点をとった学生たちの寄与は $x_2W_2＝5$，$\cdots$，100 点の学生たちの寄与は $x_7W_7＝10$，ということになる．

そこで，

$$x_1W_1 + x_2W_2 + \cdots + x_7W_7 = \sum_{j=1}^{7} x_j W_j$$

という量を考えると，さまざまな点数をとった学生たち全員の，この試験点数への寄与を表わし，クラス全員が平均として何点とれたかの目安を与えている．この例では，

$$\sum_{j=1}^{7} x_j W_j = 4+5+18+14+8+9+10 = 68$$

となっている．これが小学生以来なじみの，クラスの平均点である．

上の例では，X の実現値は $x_1, x_2, \cdots, x_7$ の 7 個であったが，一般的な場合を扱うには，$x_1, x_2, \cdots, x_n$ という n 個の実現値を考えればよく，上の表式は

$$\sum_{j=1}^{n} x_j W_j \tag{2.2}$$

となる．

また，X が宝くじの当り金額を表わす場合には，x_1 を 1 等賞金，x_2 を 2 等賞金，$\cdots$ の金額と考え，W_1 を 1 等が当る確率，$\cdots$ とすればよい．このとき (2.2)は，くじを 1 枚買った人が，これぐらいは期待してよいだろうという金額を表わすことになる．x_1 や x_2 が大きいのでついふらふらと買いたくなるかもしれないが，W_1 や W_2 が極めて小さく，実際に計算してみると x_1W_1, x_2W_2 $\cong 0$ がすぐに分かり，また(2.2)そのものも小さな値となるだろう．

こういうわけで，(2.2)を X の**期待値**（expectation value），または**平均**（mean）とよび，期待値の頭文字の E を使って，

$$E[X] = \sum_{j=1}^{n} x_j W_j \tag{2.3}$$

とかくことが多い．しかし本書では $E[X]$ の代りに，よりコンパクトな

$$\langle X \rangle = \sum_{j=1}^{n} x_j W_j \tag{2.4}$$

という記号を採用する．

　［例 1］　サイコロ振りでは，1-2 節例 6 より

$$W_1 = W_2 = \cdots = W_6 = \frac{1}{6}$$

であるから，出る目の数値を表わす X の期待値は

$$\langle X \rangle = (1+2+3+4+5+6)\times\frac{1}{6}$$
$$= 3.5$$

となる．サイコロを多数回振って，出る目の数の平均をとれば，3.5 に近い値が期待される．▎

　［例 2］　硬貨投げで「表」の事象に $x_1=1$，「裏」に $x_2=0$ という実現値を割り当てる．1-2 節例 5 を参照して，「表」か「裏」かを表わす確率変数 X の期待値は

$$\langle X \rangle = 1\times\frac{1}{2}+0\times\frac{1}{2}$$
$$= \frac{1}{2}$$

である．硬貨を多数回投げれば，表と裏とはほぼ同じ回数出るはずである．▎

　X の実現値 x が連続のときには(1.30)の処方に従って

$$\langle X \rangle = \int_{-\infty}^{\infty} x W(x) dx \tag{2.5}$$

とすればよい．このとき平均 $\langle X \rangle$ は確率関数や確率密度の中心位置の目安を

与える量となり，

$$\mu = \langle X \rangle \tag{2.6}$$

とかくことも多い．第1章に出てきた μ が，実際，(2.6)の右辺と等しいことはもうすこし後で示される．

　X の分散　　確率分布の広がりの目安を与える量として，

$$\langle (X - \langle X \rangle)^2 \rangle \tag{2.7a}$$

を導入しよう．$\langle X \rangle$ が分布の中心位置の目安であるから，(2.7a)は X が分布の中心から離れる度合(すなわち分布の広がり具合)を示す量である．(2.7a)を**分散**(variance)，すなわちバラツキ具合，とよんで

$$\sigma^2 = \langle (X - \langle X \rangle)^2 \rangle \tag{2.7b}$$

という記号で表わす．第1章の σ^2 が，(2.7b)の右辺に等しいことも，もうすこし後に明らかとなる．また，σ 自身は，**標準偏差**(standard deviation)とよばれる．

　ここで，分散 σ^2 の表式(2.7b)は別の形に書き直せることに注意しよう．すなわち，

$$\begin{aligned}
\sigma^2 &= \langle (X - \langle X \rangle)^2 \rangle \\
&= \langle X^2 - 2\langle X \rangle X + \langle X \rangle^2 \rangle \\
&= \langle X^2 \rangle - 2\langle X \rangle \langle X \rangle + \langle X \rangle^2 \\
&= \langle X^2 \rangle - \langle X \rangle^2
\end{aligned} \tag{2.8}$$

のように計算される．ただし(2.8)を得る際に

$$\langle \langle X \rangle^2 \rangle = \langle X \rangle^2$$

という関係を使っている．すなわち

　「平均した量は，さらに平均しても変わらない」

のである．

　(2.8)の右辺第2項は X の平均 $\langle X \rangle$ の2乗で，(2.4)あるいは(2.5)を使えば計算できる量である．X が離散的確率変数であれば，(2.8)の右辺第1項の量は

$$\langle X^2 \rangle = \sum_{j=1}^{n} x_j{}^2 W_j \tag{2.9}$$

である．連続的な X に対しては(1.30)の対応を使って，

$$\langle X^2 \rangle = \int_{-\infty}^{\infty} x^2 W(x)dx \qquad (2.10)$$

となる．

$f(X)$ の期待値　さらに一般的に，任意の関数 $f(x)$ に対する期待値

$$\langle f(X) \rangle = \sum_{j=1}^{n} f(x_j) W_j \qquad (2.11)$$

あるいは

$$\langle f(X) \rangle = \int_{-\infty}^{\infty} f(x) W(x)dx \qquad (2.12)$$

を導入しておく．こうしておくと，$\langle X \rangle$ や $\langle X^2 \rangle$ のみならず，より一般的な期待値を扱うことができる．これらの表式は後に使うことになる．

例題 2-1　2項分布 $B(n,p)$ に対して X の平均および分散を求めよ．

［解］　$B(n,p)$ の確率関数は，(1.50)より

$$W_x = {}_nC_x p^x (1-p)^{n-x} \qquad (2.13)$$

である．したがって平均を求めるには，(2.4)の表式(ただし，和の下限は0からとする)に，(2.13)を代入して計算すればよい．また，(2.13)ですでに和の変数が j から x に変わっていることに注意がいる．そうすると(2.4)は

$$\langle X \rangle = \sum_{x=0}^{n} x\, {}_nC_x p^x (1-p)^{n-x} \qquad (2.14)$$

となる．しかし，この計算は面倒なので，もうすこし上手な方法を使おう．

それには(1.53)の

$$(p+q)^n = \sum_{x=0}^{n} {}_nC_x p^x q^{n-x} \qquad (2.15)$$

という関係式は，$p+q=1$ という条件の有無にかかわらず成立することに注意するとよい．つまり，(2.15)の両辺を p の関数と考えて微分すると

$$n(p+q)^{n-1} = \sum_{x=0}^{n} x\, {}_nC_x p^{x-1} q^{n-x}$$

$$= \frac{1}{p} \sum_{x=0}^{n} x \, {}_nC_x p^x q^{n-x} \tag{2.16}$$

となる．ここで(2.16)に条件 $p+q=1$ を代入して

$$np = \sum_{x=0}^{n} x \, {}_nC_x p^x (1-p)^{n-x} \tag{2.17}$$

を得る．この式の右辺は(2.14)から $\langle X \rangle$ である．したがって

$$\mu = \langle X \rangle$$
$$= np \tag{2.18}$$

が得られた．

　さて，ベルヌーイ試行では1回の試行で事象 A が起こる確率が p であり，全体で n 回の試行を行なうのであった．したがって，事象 A が起こる回数は

$$p \times n = np$$

と期待され，(2.18)と一致している．

　次に，分散を求めるために(2.16)の両辺をもう1回 p で微分すると

$$n(n-1)(p+q)^{n-2} = \sum_{x=0}^{n} x(x-1) \, {}_nC_x p^{x-2} q^{n-x}$$
$$= \frac{1}{p^2} \sum_{x=0}^{n} x^2 \, {}_nC_x p^x q^{n-x} - \frac{1}{p^2} \sum_{x=0}^{n} x \, {}_nC_x p^x q^{n-x}$$

となる．ここで条件 $p+q=1$ を代入して

$$n(n-1)p^2 = \sum_{x=0}^{n} x^2 \, {}_nC_x p^x (1-p)^{n-x} - \sum_{x=0}^{n} x \, {}_nC_x p^x (1-p)^{n-x} \tag{2.19}$$

を得る．

　(2.19)の右辺第1項は，(2.9)の W_j として(2.13)をとったものである．また第2項は(2.14)そのものである．したがって

$$n(n-1)p^2 = \langle X^2 \rangle - \langle X \rangle$$

すなわち

$$\langle X^2 \rangle = n(n-1)p^2 + np \tag{2.20}$$

が得られた．ここで(2.18)を使っている．

　分散は(2.8)に(2.18)と(2.20)を用いて

$$\sigma^2 = \langle X^2 \rangle - \langle X \rangle^2$$
$$= n(n-1)p^2 + np - n^2p^2$$
$$= np(1-p) \tag{2.21}$$

となる. ▌

[例3] ポアソン分布の確率関数は(1.58)より

$$W_x = \frac{\mu^x}{x!}e^{-\mu} \tag{2.22}$$

であるが, これは2項分布 $B(n,p)$ の $n\to$大, $p\to$小, $np\equiv\mu=$有限, という極限の分布として得られた.

2項分布の平均値にたいする表式(2.18)は, ポアソン分布でも成り立っているので, X の平均 $\langle X \rangle$ は(2.22)の中の μ に等しい. すなわち, ポアソン分布を規定しているパラメータ μ にたいして, たしかに(2.6)の関係,

$$\langle X \rangle = \mu \tag{2.23}$$

が成り立っている. また, 2項分布の分散は(2.21)より

$$\langle (X-\langle X \rangle)^2 \rangle = \langle X^2 \rangle - \langle X \rangle^2$$
$$= np(1-p)$$

であるが, ポアソン分布に対しては $p \ll 1$ であるので

$$\langle X^2 \rangle - \langle X \rangle^2 = np$$
$$= \mu \tag{2.24}$$

となっている. ▌

すなわち,

「ポアソン分布の平均と分散とは等しい」

のである.

次に, 正規分布をとりあげよう.

例題 2-2 確率密度が(1.72)

$$W(x) = \frac{1}{\sqrt{2\pi\sigma^2}}e^{-(x-\mu)^2/2\sigma^2} \tag{2.25}$$

で与えられる正規分布の平均, 分散を求めよ.

[解]　平均を求めるには(2.5)より

$$\langle X \rangle = \int_{-\infty}^{\infty} x \frac{1}{\sqrt{2\pi\sigma^2}} e^{-(x-\mu)^2/2\sigma^2} dx$$

であるが，$x-\mu=u$ とおくと

$$\langle X \rangle = \int_{-\infty}^{\infty} u \frac{1}{\sqrt{2\pi\sigma^2}} e^{-u^2/2\sigma^2} du + \mu \int_{-\infty}^{\infty} \frac{1}{\sqrt{2\pi\sigma^2}} e^{-u^2/2\sigma^2} du$$

となる．上式の右辺第1項は奇関数の積分なのでゼロとなる．第2項の積分には(1.71)を用いて

$$\langle X \rangle = \mu \tag{2.26}$$

となる．すなわち正規分布を規定している2つのパラメータ μ と σ^2 のうち，μ は X の平均となっていて，(2.6)のかき方と一致している．

　分散を計算するには(2.7)を直接使った方がよい．すなわち

$$\langle (X-\langle X \rangle)^2 \rangle = \int_{-\infty}^{\infty} (x-\mu)^2 \frac{1}{\sqrt{2\pi\sigma^2}} e^{-(x-\mu)^2/2\sigma^2} dx$$

$$= \frac{1}{\sqrt{2\pi\sigma^2}} \int_{-\infty}^{\infty} u^2 e^{-u^2/2\sigma^2} du \tag{2.27}$$

となる．ここで(2.26)を用い，$x-\mu=u$ と変換している．

　(2.27)の積分を行なうには次のようにする．まず，(1.71)の両辺を a で微分することにより

$$\int_{-\infty}^{\infty} x^2 e^{-ax^2} dx = \frac{1}{2a}\sqrt{\frac{\pi}{a}} \tag{2.28}$$

という積分公式が得られる．(2.28)で $a=1/2\sigma^2$ とすると，(2.27)から

$$\langle (X-\langle X \rangle)^2 \rangle = \sigma^2 \tag{2.29}$$

となる．

　したがって正規分布(2.25)を規定しているもう1つのパラメータ σ^2 は X の分散となっていて，(2.7b)で X の分散を一般に σ^2 とかいたのと，うまく一致するようになっている．∎

2-2 特性関数

確率変数 X の性質は，(1.20)の確率関数 W_j あるいは(1.29)の確率密度 $W(x)$ を与えれば定まるのであった．したがって，もしも W_j あるいは $W(x)$ と同じだけの情報を含み，数学的にも扱いやすい関数が存在すれば便利である．

特性関数　そこで X に対して

$$\Phi(\xi) = \langle e^{i\xi X} \rangle \qquad (2.30)$$

という量を導入して，これを**特性関数**(characteristic function)とよぶ．ここに，ξ は実数のパラメータである．

まず，X の実現値が離散的な場合を考えよう．この場合は，(2.30)が，(2.11)で

$$f(X) = e^{i\xi X}$$

としたものに対応するから，

$$\Phi(\xi) = \sum_{j=1}^{n} e^{i\xi x_j} W_j \qquad (2.31)$$

である．

特性関数が便利だというのは，$\Phi(\xi)$ から X の平均 μ がただちに求まるからである．これを見るために，(2.30)を $i\xi$ で微分すると

$$\frac{\partial}{\partial(i\xi)} \Phi(\xi) = \langle X e^{i\xi X} \rangle \qquad (2.32)$$

となる．(2.32)の両辺で $\xi=0$ とおくことにより

$$\mu = \langle X \rangle = \left[\frac{\partial}{\partial(i\xi)} \Phi(\xi) \right]_{\xi=0} \qquad (2.33)$$

を得る．すなわち，μ を求めるには特性関数を $i\xi$ で微分した後に，$\xi=0$ とおけばよい．

次に，$\Phi(\xi)$ から分散 σ^2 を求める手続を考えよう．このために(2.32)の両辺を $i\xi$ でもう1回微分すると

$$\frac{\partial^2}{\partial(i\xi)^2}\boldsymbol{\Phi}(\xi) = \langle X^2 e^{i\xi X}\rangle$$

となり，したがって

$$\langle X^2\rangle = \left[\frac{\partial^2}{\partial(i\xi)^2}\boldsymbol{\Phi}(\xi)\right]_{\xi=0} \tag{2.34}$$

を得る．分散は(2.8)のように書けているから，(2.33)と(2.34)より

$$\begin{aligned}
\sigma^2 &= \langle X^2\rangle - \langle X\rangle^2 \\
&= \left[\frac{\partial^2}{\partial(i\xi)^2}\boldsymbol{\Phi}(\xi)\right]_{\xi=0} - \left\{\left[\frac{\partial}{\partial(i\xi)}\boldsymbol{\Phi}(\xi)\right]_{\xi=0}\right\}^2
\end{aligned} \tag{2.35}$$

である．すなわち，平均 μ および分散 σ^2 は，特性関数 $\boldsymbol{\Phi}(\xi)$ を $i\xi$ で微分するという操作によって計算される．

例題 2-3 2項分布 $B(n,p)$ に対する特性関数を求め，平均および分散を計算せよ．

［解］ 確率関数(1.50)を(2.31)に代入(ただし，和は 0 から n まで)すると

$$\begin{aligned}
\boldsymbol{\Phi}(\xi) &= \sum_{x=0}^{n} {}_nC_x(pe^{i\xi})^x q^{n-x} \\
&= (pe^{i\xi}+q)^n
\end{aligned} \tag{2.36}$$

を得る．ただし，(1.53)で $p\rightarrow pe^{i\xi}$ とした表式を使っている．

(2.36)を微分すると

$$\frac{\partial}{\partial(i\xi)}\boldsymbol{\Phi}(\xi) = n(pe^{i\xi}+q)^{n-1}pe^{i\xi} \tag{2.37}$$

および

$$\frac{\partial^2}{\partial(i\xi)^2}\boldsymbol{\Phi}(i\xi) = n(n-1)(pe^{i\xi}+q)^{n-2}(pe^{i\xi})^2 + n(pe^{i\xi}+q)^{n-1}pe^{i\xi} \tag{2.38}$$

となる．(2.33)と(2.37)から

$$\mu = \langle X\rangle = np$$

また，(2.35)と(2.38)から

$$\sigma^2 = \langle X^2 \rangle - \langle X \rangle^2$$
$$= n(n-1)p^2 + np - (np)^2$$
$$= np(1-p)$$

が得られる．これらは，(2.18),(2.21)と一致している．∎

次に確率変数 X の実現値が連続な場合を考えよう．特性関数は(2.12)で $f(X) = e^{i\xi X}$ としたものにあたるから，次式のようになる．

$$\Phi(\xi) = \int_{-\infty}^{\infty} e^{i\xi x} W(x) dx \tag{2.39}$$

例題 2-4 正規分布に対する $\Phi(\xi)$ を求め，X の平均および分散を計算せよ．

［解］ (1.72)を(2.39)に入れると

$$\Phi(\xi) = \frac{1}{\sqrt{2\pi\sigma^2}} \int_{-\infty}^{\infty} e^{i\xi x - (x-\mu)^2/2\sigma^2} dx \tag{2.40}$$

である．(2.40)の指数関数の変数部分を平方完成して，x を含まない部分を積分の外に出すと

$$\Phi(\xi) = \frac{1}{\sqrt{2\pi\sigma^2}} e^{i\xi\mu - \xi^2\sigma^2/2} \int_{-\infty}^{\infty} \exp\{-[x-(\mu+i\xi\sigma^2)]^2/2\sigma^2\} dx \tag{2.41}$$

となる．(2.41)の積分は(1.71)の積分公式で

$$b \to \mu + i\xi\sigma^2 \tag{2.42}$$

としたものと同じであり，積分した値は $\sqrt{2\pi\sigma^2}$ となる．

厳密には，(2.41)には複素数が登場しているので，複素関数論の知識が必要であるが，(2.42)の置き換えに対しても(1.71)が成立することを認めよう．すると，正規分布の確率密度

$$W(x) = \frac{1}{\sqrt{2\pi\sigma^2}} e^{-(x-\mu)^2/2\sigma^2} \tag{1.72}$$

に対して，特性関数は

$$\Phi(\xi) = e^{i\xi\mu - \xi^2\sigma^2/2} \tag{2.43a}$$

$$= e^{i\xi\mu + (i\xi)^2\sigma^2/2} \tag{2.43b}$$

で与えられる．

次に，X の平均と分散を求めるために，$(2.43b)$を $i\xi$ で微分すると

$$\frac{\partial}{\partial(i\xi)}\boldsymbol{\Phi}(i\xi) = (\mu+i\xi\sigma^2)e^{i\xi\mu+(i\xi)^2\sigma^2/2} \tag{2.44}$$

となり，もういちど $i\xi$ で微分して

$$\frac{\partial^2}{\partial(i\xi)^2}\boldsymbol{\Phi}(\xi) = \{\sigma^2+(\mu+i\xi\sigma^2)^2\}e^{i\xi\mu+(i\xi)^2\sigma^2/2} \tag{2.45}$$

を得る．

$(2.33),(2.35)$に(2.44)および(2.45)を用いれば

$$\langle X\rangle = \mu$$

および

$$\langle X^2\rangle-\langle X\rangle^2 = \sigma^2+\mu^2-\mu^2$$
$$= \sigma^2$$

が得られる．これらの結果は$(2.7),(2.8)$に注意すれば，以前の(2.26)および(2.29)と一致している．∎

2-3　モーメントおよびキュムラント

前節で導入した特性関数は，(2.31)あるいは(2.39)という関係式によって確率関数や確率密度と結びついている．さらに，$\boldsymbol{\Phi}(\xi)$ が分かれば確率変数 X の平均や分散が求まるのであった．したがって，もしなんらかの方法で平均や分散を含む，さらにくわしい期待値の知識が得られたならば，逆に確率関数や確率密度を構成できるのではないか．このことを念頭において本節では新しいタイプの平均値を導入する．

　モーメント　(2.6)で与えられる確率変数 X の平均

$$\mu = \langle X\rangle$$

を，X の **1 次モーメント**ともいう．

　これを一般化し，$k=1,2,\cdots$ に対して X の k 次モーメントを

$$\langle X^k\rangle$$

で定義する．

［例1］　X の分散は1次と2次のモーメントで表わされていた．すなわち

$$\sigma^2 = \langle X^2 \rangle - \langle X \rangle^2$$

であった．∎

　ここで指数関数の展開公式

$$e^x = 1 + x + \frac{1}{2!}x^2 + \frac{1}{3!}x^3 + \cdots$$

$$= \sum_{k=0}^{\infty} \frac{1}{k!}x^k \tag{2.46}$$

に注意すると，特性関数は

$$\Phi(\xi) = \langle e^{i\xi X} \rangle$$

$$= 1 + i\xi\langle X \rangle + \frac{1}{2}(i\xi)^2\langle X^2 \rangle + \frac{1}{3!}(i\xi)^3\langle X^3 \rangle + \cdots$$

$$= \sum_{k=0}^{\infty} \frac{(i\xi)^k}{k!}\langle X^k \rangle \tag{2.47}$$

となり，モーメントの和で表わされる．ここで，$0!=1$ と約束し，$\langle X^0 \rangle = 1$ である．(2.47)を特性関数の**モーメント展開**(moment expansion)という．

例題 2-5　正規分布に対して1〜4次のモーメントを求めよ．

［解］　正規分布に対する $\Phi(\xi)$ は(2.43b)で与えられている．すなわち

$$\Phi(\xi) = e^{i\xi\mu}e^{(i\xi)^2\sigma^2/2} \tag{2.48}$$

である．上式の2つの指数関数を，(2.46)を用いて展開すると

$$\Phi(\xi) = \left\{ 1 + i\xi\mu + \frac{1}{2}(i\xi\mu)^2 + \frac{1}{3!}(i\xi\mu)^3 + \frac{1}{4!}(i\xi\mu)^4 + \cdots \right\}$$

$$\times \left\{ 1 + \frac{1}{2}(i\xi)^2\sigma^2 + \frac{1}{2}\frac{1}{4}(i\xi)^4\sigma^4 + \cdots \right\}$$

$$= 1 + i\xi\mu + \frac{1}{2}(i\xi)^2(\sigma^2 + \mu^2) + \frac{1}{3!}(i\xi)^3\left(\mu^3 + \frac{3!}{2}\mu\sigma^2\right)$$

$$+ \frac{1}{4!}(i\xi)^4\left(\mu^4 + \frac{4!}{4}\mu^2\sigma^2 + \frac{4!}{8}\sigma^4\right) + \cdots \tag{2.49}$$

となる．

(2.47)と(2.49)を比較して，$(i\xi)^k\ (k=1,2,3,4)$ の係数を等しいとおくことにより

$$\langle X \rangle = \mu$$
$$\langle X^2 \rangle = \mu^2 + \sigma^2$$
$$\langle X^3 \rangle = \mu^3 + 3\mu\sigma^2 \tag{2.50}$$
$$\langle X^4 \rangle = \mu^4 + 6\mu^2\sigma^2 + 3\sigma^4$$

を得る．∎

モーメント展開の一般形は(2.47)で表わされている．実際，正規分布に対しても(2.49)のように $(i\xi)^k$ の級数は無限次までつづくので，たとえば(2.50)のように $k=4$ までで止めたのでは，確率分布のもっている情報のごく一部分を得たにすぎない．

キュムラント　そこで $\Phi(\xi)$ に対するモーメント展開以外の，もっと有効な展開法を考えよう．

モーメント展開(2.47)は，ごく自然な方法であるから，これ以外にそんなうまい手はあるまいと思われる．

しかし，ヒントは(2.43b)に隠されていた．この式をもういちど書くと

$$\Phi(\xi) = e^{i\xi\mu + \frac{1}{2}(i\xi)^2\sigma^2} \tag{2.51}$$

である．(2.51)は正規分布という特殊な分布に対する表式ではあるが，指数関数の変数の部分は

$$i\xi\mu + \frac{1}{2}(i\xi)^2\sigma^2$$

となっていて，(2.47)によく似ている．

そこでモーメント $\langle X^k \rangle$ とは異なる，ある種の平均量

$$\langle X^k \rangle_{\mathrm{c}} \tag{2.52}$$

を導入して，特性関数を

$$\Phi(\xi) = \langle e^{i\xi X} \rangle$$
$$= \exp\left[i\xi\langle X \rangle_{\mathrm{c}} + \frac{1}{2}(i\xi)^2\langle X^2 \rangle_{\mathrm{c}} + \frac{1}{3!}(i\xi)^3\langle X^3 \rangle_{\mathrm{c}} + \cdots \right] \tag{2.53a}$$

$$= \exp\left[\sum_{k=1}^{\infty} \frac{(i\xi)^k}{k!} \langle X^k \rangle_c\right] \tag{2.53b}$$

$$= \exp\left[\langle e^{i\xi X} \rangle_c - 1\right] \tag{2.53c}$$

と展開する.

この段階では(2.51)に示唆されて(2.53)という展開を思いついただけなので,$\langle X^k \rangle_c$ という平均量の計算法が与えられなければ,話は進まない.そこで(2.53a)を(2.48),(2.49)で行なったのと同様なやり方で展開すると

$$\Phi(\xi) = 1 + i\xi\langle X \rangle_c + \frac{(i\xi)^2}{2}(\langle X^2 \rangle_c + \langle X \rangle_c^2)$$

$$+ \frac{(i\xi)^3}{3!}(\langle X^3 \rangle_c + 3\langle X^2 \rangle_c\langle X \rangle_c + \langle X \rangle_c^3) + \cdots \tag{2.54}$$

となる.(2.54)を(2.47)と比較すると

$$\begin{aligned}
\langle X \rangle &= \langle X \rangle_c \\
\langle X^2 \rangle &= \langle X^2 \rangle_c + \langle X \rangle_c^2 \\
\langle X^3 \rangle &= \langle X^3 \rangle_c + 3\langle X^2 \rangle_c\langle X \rangle_c + \langle X \rangle_c^3 \\
&\quad\cdots\cdots\cdots\cdots
\end{aligned} \tag{2.55}$$

となるが,これを逆に解いて $\langle X^k \rangle_c$ を $\langle X^k \rangle$ で表わすと

$$\begin{aligned}
\langle X \rangle_c &= \langle X \rangle \\
\langle X^2 \rangle_c &= \langle X^2 \rangle - \langle X \rangle^2 \\
\langle X^3 \rangle_c &= \langle X^3 \rangle - 3\langle X^2 \rangle\langle X \rangle + 2\langle X \rangle^3 \\
&\quad\cdots\cdots\cdots\cdots
\end{aligned} \tag{2.56}$$

を得る.(2.56)を見ると,$\langle X^k \rangle_c$ という正体不明であったある種の平均量は,$\langle X^k \rangle, \langle X^{k-1} \rangle, \cdots, \langle X \rangle$ という k 次以下のモーメントで表わされている.

そこで $\langle X^k \rangle_c$ という量を k 次**キュムラント**(cumulant),(2.53)を特性関数の**キュムラント展開**(cumulant expansion),また記号 $\langle \cdot \rangle_c$ を**キュムラント平均**(cumulant average)とよぶことにしよう.この記号を用いれば,平均と分散は(2.6),(2.8),(2.56)から

$$\mu = \langle X \rangle = \langle X \rangle_c \tag{2.57}$$

$$\sigma^2 = \langle X^2 \rangle - \langle X \rangle^2$$
$$= \langle X^2 \rangle_{\mathrm{c}} \tag{2.58}$$

と表わされる．すなわち

　「平均 μ は1次キュムラント，分散 σ^2 は2次キュムラントである.」

　［例2］　正規分布に対する $\Phi(\xi)$ の表式(2.51)と，キュムラント展開の一般形(2.53a)とを比較して

$$\langle X \rangle_{\mathrm{c}} = \mu \tag{2.59}$$

$$\langle X^2 \rangle_{\mathrm{c}} = \sigma^2 \tag{2.60}$$

$$\langle X^k \rangle_{\mathrm{c}} = 0 \qquad (k \geqq 3) \tag{2.61}$$

を得る．∎

　したがって

　「正規分布では，3次以上のキュムラントは全てゼロとなる」

という著しい性質がある．

例題 2-6　(2.55)から，正規分布の表式(2.50)を導け．ただし，3次のモーメントまででよい．

　［解］　正規分布では

$$\langle X^3 \rangle_{\mathrm{c}} = 0$$

であるから，(2.57),(2.58)を(2.55)に代入して(2.50)を得る．∎

　低次のモーメントが分かると(たとえば3次まで)，(2.56)から低次のキュムラントが分かる．これを(2.53a)に代入すると特性関数が指数関数の形に求まることに注意しよう．指数関数の中では $i\xi$ の低次の項があるにすぎないが，これを展開すれば $i\xi$ の無限次までの項を含んでいる．一方，直接モーメント展開を(2.47)の形に行なえば，単純に低次の項があるにすぎない．

　　「キュムラント展開は，低次モーメントの知識を有効に使うことので
　　きる優れた方法論である.」

このことは，本書の後の章でさらに明らかになる．

第2章演習問題

[1] サイコロを振ったとき，1か2の目が出る事象を A とする．サイコロを n 回振ったとき，事象 A が起こる回数を x とすれば，x に対応する確率変数 X の従う確率分布はどうなるか．また，X の期待値を求めよ．

[2] ポアソン分布(2.22)の特性関数を求めよ．また，キュムラントを計算せよ．さらに平均と分散を計算して本文の結果と一致することを確かめよ．

[3] 確率変数 X の実現値 x が $1, 0, -1$ であり，確率関数が

$$W_x = \frac{1}{A}e^{-ax} \qquad (a>0)$$

で与えられる確率分布がある．まず，

$$\sum_{x=1, 0, -1} W_x = 1$$

となるように A を定めよ．

つぎに，X の平均および分散を計算せよ．

[4] 確率密度が

$$W(x) = \begin{cases} \lambda e^{-\lambda x} & (x \geqq 0) \\ 0 & (x<0) \end{cases}$$

で与えられる分布がある．ただし $\lambda>0$ とする．確率変数 X の平均を求めよ．

3 確率の法則と正規分布

硬貨を多数回投げると表の出る割合は1/2に近づくことは経験的に知られている。このことをきちんと定式化したものが、大数の法則である。また、独立な確率変数の和の分布は、ある条件の下で正規分布となり、これを中心極限定理という。本章は確率・統計の分野で重要な役割を演ずるこれら2つの法則を主題とし、さらに正規分布の性質を扱う。

3-1 確率不等式と大数の法則

1-6節ではベルヌーイ試行の回数を n として、事象 A の起こる回数 X の分布を求め、2項分布 $B(n, p)$ を得た。さらに、n が大きな極限で、n 回の試行中事象 A の起こる割合 X/n が、1回の試行で事象 A の起こる確率 p に移行することを学んだ(大数の法則)。この法則がベルヌーイ試行に限らず、さらに一般的に成立することを示そう。

　確率不等式　　第1章の $(1.23), (1.24)$ では確率変数 X が、ある実現値 x 以下をとる確率を

$$F(x) = P(X \leqq x)$$
$$= \sum_{x_j \leqq x} W_j \tag{3.1}$$

と表わし，この $F(x)$ を分布関数とよんだ．ここに X は離散的な実現値 x_1, $x_2, \cdots, x_n$ をとるものとする．

　ここで，(3.1)とは逆に，X の実現値がある数 ε より大きいか等しいという確率

$$P(X \geqq \varepsilon) = \sum_{x_j \geqq \varepsilon} W_j \tag{3.2}$$

を考えよう．(3.2)は X の期待値 μ と関連している．すなわち，μ は(2.4)から

$$\mu = \langle X \rangle$$
$$= \sum_{j=1}^{n} x_j W_j \tag{3.3}$$

と計算されるが，X の実現値に関する和を，ある数 ε より小さな部分と大きな部分とに分ければ

$$\mu = \sum_{x_j < \varepsilon} x_j W_j + \sum_{x_j \geqq \varepsilon} x_j W_j \tag{3.4}$$

となる．X の実現値 x_j が負でない値をとる場合 $(x_j \geqq 0)$ を考えると，

$$\sum_{x_j < \varepsilon} x_j W_j \geqq 0$$

であるから

$$\mu \geqq \sum_{x_j \geqq \varepsilon} x_j W_j \tag{3.5}$$

という不等式が得られる．$x_j \geqq \varepsilon$ であるから，(3.5)の右辺は x_j を最小値 ε で置き換えたものよりは小さくなれない．したがって

$$\sum_{x_j \geqq \varepsilon} x_j W_j \geqq \varepsilon \sum_{x_j \geqq \varepsilon} W_j \tag{3.6}$$

である．

　(3.6)の右辺にあらわれる和は，$X \geqq \varepsilon$ を満たす確率，すなわち

$$P(X \geqq \varepsilon) = \sum_{x_j \geqq \varepsilon} W_j \tag{3.7}$$

であることに注意すると，(3.5), (3.6)から

$$\frac{\langle X \rangle}{\varepsilon} \geqq P(X \geqq \varepsilon) \tag{3.8}$$

となる．(3.8)の右辺は X が ε 以上をとる確率を表わし，ε が大きくなるとともに小さくなる．左辺も ε が大きくなれば小さくなるのだが，その小さくなり具合が X の期待値と ε との比で定まるのである．(3.8)を**マルコフの不等式**(Markovian inequality)という．この不等式は X のすべての実現値 x_j が非負($x_j \geqq 0$)で，かつ ε が正の場合に限って成立することに注意しよう．

　(3.8)は期待値 $\langle X \rangle$ と確率との間に成り立つ大小関係を与えている．では，X の分散と確率との間にはどのような関係式が成り立つだろうか．分散の定義(2.7b)を思い出せば，(3.8)で

$$X \to (X - \mu)^2$$

および

$$\varepsilon \to \varepsilon^2$$

という置き換えを行なえばよいだろう．そうすると，

$$P((X - \mu)^2 \geqq \varepsilon^2) \leqq \frac{\sigma^2}{\varepsilon^2} \tag{3.9}$$

が得られる．ここに

$$\sigma^2 = \langle (X - \mu)^2 \rangle$$

は(2.7)で定義された X の分散である．

　(3.9)にあらわれる不等式

$$(X - \mu)^2 \geqq \varepsilon^2$$

は $\varepsilon > 0$ のとき

$$|X - \mu| \geqq \varepsilon$$

と同等なので，(3.9)は

$$P(|X - \mu| \geqq \varepsilon) \leqq \frac{\sigma^2}{\varepsilon^2} \tag{3.10}$$

となる．(3.10)を**チェビシェフの不等式**(Chebyshev's inequality)という．

　また(1.22)から

$$\sum_j W_j = \sum_{x_j < \varepsilon} W_j + \sum_{x_j \geqq \varepsilon} W_j$$

$$= 1 \tag{3.11}$$

であるが, (3.7)を参照すると, (3.11)は

$$P(|X-\mu| < \varepsilon) + P(|X-\mu| \geqq \varepsilon) = 1 \tag{3.12}$$

となる. したがって(3.10),(3.12)から

$$P(|X-\mu| < \varepsilon) \geqq 1 - \frac{\sigma^2}{\varepsilon^2} \tag{3.13}$$

である.

(3.13)の左辺にあらわれる不等式は

$$\mu - \varepsilon < X < \mu + \varepsilon$$

であるから, X が平均 μ の回りの $\pm\varepsilon$ の範囲に入る確率を表わしている. 一方, σ は分布の広がりの目安であり, (3.13)で $\varepsilon = \sigma$ としてみると,

$$P(\mu - \sigma < X < \mu + \sigma) \geqq 0$$

となって, あたりまえの結果である. 次に, $\varepsilon = 2\sigma$ としてみると

$$P(\mu - 2\sigma < X < \mu + 2\sigma) \geqq \frac{3}{4}$$

となる. 正規分布のときに, 上式の左辺を巻末の附表2を使って計算してみると, $Z = (X-\mu)/\sigma$ として

$$P(-2 < Z < 2) = 1 - 2 \times \phi(2) = 1 - 2 \times 0.0228$$

$$= 0.9544$$

と求まるので, 3/4=0.75 という値はこれと比べるとかなり小さい. すなわち, 不等式(3.13)はもちろん正しいが, かなり大ざっぱな不等式であることが分かるだろう.

例題 3-1 第1章のベルヌーイ試行では, 全試行回数を n, 事象 A の起こる回数を表わす確率変数を X とした. チェビシェフの不等式を用いて, ベルヌーイ試行に対する大数の法則を導け.

[解] X の期待値および分散は(2.18),(2.21)から

$$\langle X \rangle = np \tag{3.14}$$

および

$$\langle (X - \langle X \rangle)^2 \rangle = np(1-p) \tag{3.15}$$

である．したがって，X/n の期待値は(3.14)から

$$\left\langle \frac{X}{n} \right\rangle = \frac{1}{n} \langle X \rangle = p \tag{3.16}$$

となる．一方，X/n の分散は(3.15)を用いて

$$\left\langle \left(\frac{X}{n} - \left\langle \frac{X}{n} \right\rangle \right)^2 \right\rangle = \left\langle \left(\frac{X}{n} \right)^2 \right\rangle - \left\langle \frac{X}{n} \right\rangle^2$$

$$= \frac{1}{n^2} (\langle X^2 \rangle - \langle X \rangle^2)$$

$$= \frac{1}{n^2} \langle (X - \langle X \rangle)^2 \rangle$$

$$= \frac{1}{n^2} \cdot np(1-p)$$

$$= \frac{1}{n} \cdot p(1-p) \tag{3.17}$$

と計算される．

(3.13)で

$$X \to X/n$$

と置き換え(3.16),(3.17)を期待値と分散に代入して

$$P\left(\left| \frac{X}{n} - p \right| < \varepsilon \right) \geqq 1 - \frac{p(1-p)}{n\varepsilon^2} \tag{3.18}$$

を得る．(3.18)で n を限りなく大きくすると，右辺はいくらでも1に近づく．すなわち，ベルヌーイ試行で1回の試行につき事象 A の起こる割合 X/n は，事象 A の起こる確率 p にいくらでも近づく．これは，ベルヌーイ試行に対する大数の法則(1.81)の別表現である．█

X の実現値が連続な場合は，(1.30)によって和を積分に置き換えれば，ほとんど同様な式変形で全く同じ不等式が得られる．

大数の法則を一般的に導く前にもう1つの準備が必要である．

確率変数の和　例題 3-1 でも取り上げたように，第 1 章のベルヌーイ試行
では，n 回の試行を行なったとき事象 A の起こる回数を表わす確率変数 X を
扱った．しかしこの X に対しては別の表現法も可能である．すなわち，第 1
回目の試行の結果，表が出れば 1，裏ならば 0 という数値が割り当てられてい
る確率変数を $X^{(1)}$ とする（1-2 節の例 1 参照）．同様にして，第 2 回目の試行
にたいして同じく実現値 1,0 を有する確率変数を $X^{(2)}$ とし，以下，第 n 回目
を $X^{(n)}$ とする．これらの確率変数を用いれば，事象 A の起こる回数は

$$X(n) = X^{(1)}+X^{(2)}+\cdots+X^{(n)}$$
$$= \sum_{l=1}^{n} X^{(l)} \tag{3.19}$$

と表わせる．ここで X が n 個の変数の和からなることを明示するために
$X(n)$ とかいている．実際，$X^{(1)}, X^{(2)}, \cdots, X^{(n)}$ の実現値は 1 か 0 なので，こ
れらを加えた $X(n)$ の実現値は，事象 A が 1 回も起こらなければ 0 となり，1
回起これば 1，以下同様に n 回起これば n となる．

これまではただ 1 つの確率変数 X しか考えなかったのだが，(3.19)のよう
に $X(n)$ を考えると，確率変数の和が問題になる．すなわち，ベルヌーイ試
行の問題に対して，(i) 1 つの確率変数 X を考え，X の実現値が $0,1,2,\cdots,n$
であるという立場と，(ii) n 個の確率変数の和 $X(n)$ を考え，$X(n)$ を構成し
ている個々の実現値は 1 と 0 という 2 つの値でしかないが，$X(n)$ は $0,1,\cdots,$
n をとることができるという，2 つの考え方ができる．(ii)の考え方は後の第
5 章以下で重要となる．

そこでさらに一般的に，
$$X(N) = X^{(1)}+X^{(2)}+\cdots+X^{(N)} \tag{3.19}'$$
という確率変数の和 $X(N)$ を考え，(3.19)' の $X^{(1)}, X^{(2)}, \cdots, X^{(N)}$ の実現値は，
1 か 0 という特殊な値ではなく，任意の値をとる場合を考えよう．（実際，後
の第 5 章以下では正規分布に従う連続的な実現値が扱われる．）　ただし，
$X^{(1)}, X^{(2)}, \cdots, X^{(N)}$ は互いに独立であるとする．すなわち，おのおのの確率変
数に対する期待値と分散は
$$\langle X^{(1)} \rangle = \mu_1, \ \langle X^{(2)} \rangle = \mu_2, \ \cdots, \ \langle X^{(N)} \rangle = \mu_N \tag{3.20}$$

および

$$\langle (X^{(1)}-\mu_1)^2 \rangle = \sigma_1{}^2, \ \langle (X^{(2)}-\mu_2)^2 \rangle = \sigma_2{}^2, \ \cdots, \ \langle (X^{(N)}-\mu_N)^2 \rangle = \sigma_N{}^2 \tag{3.21}$$

である．したがって，$X(N)$ の期待値は，(3.20)から

$$\langle X(N) \rangle = \sum_{l=1}^{N} \mu_l \tag{3.22}$$

である．

次に $X(N)$ の分散は，(2.7)と(3.22)から

$$\langle (X(N)-\langle X(N) \rangle)^2 \rangle = \langle [(X^{(1)}-\mu_1)+(X^{(2)}-\mu_2)+\cdots+(X^{(N)}-\mu_N)]^2 \rangle$$
$$= \sum_{l=1}^{N} \sum_{l'=1}^{N} \langle (X^{(l)}-\mu_l)(X^{(l')}-\mu_{l'}) \rangle \tag{3.23}$$

となる．これは次のように扱えばよい．すなわち，l に関する和を $l=l'$ の部分と $l \neq l'$ の部分とに分けると

$$\langle (X(N)-\langle X(N) \rangle)^2 \rangle = \sum_{l=1}^{N} \langle (X^{(l)}-\mu_l)^2 \rangle$$
$$+ \sum_{\substack{l=1 \\ (l \neq l')}}^{N} \sum_{l'=1}^{N} \langle (X^{(l)}-\mu_l)(X^{(l')}-\mu_{l'}) \rangle \tag{3.24}$$

と計算される．

［例1］ $N=2$ のときは

$$\langle (X(2)-\langle X(2) \rangle)^2 \rangle = \langle [(X^{(1)}-\mu_1)+(X^{(2)}-\mu_2)]^2 \rangle$$
$$= \langle (X^{(1)}-\mu_1)^2 \rangle + \langle (X^{(2)}-\mu_2)^2 \rangle$$
$$+ \langle (X^{(1)}-\mu_1)(X^{(2)}-\mu_2) \rangle + \langle (X^{(2)}-\mu_2)(X^{(1)}-\mu_1) \rangle$$

であり，たしかに(3.24)となっている． ∎

さらに計算を進めるために，2つの事象 C と D とが独立であるときに成り立つ関係式(1.19)

$$P(C \cap D) = P(C)P(D) \tag{3.25}$$

を思い出そう．この式の左辺は事象 C が起こり，かつ事象 D が起こる確率である．ここである確率変数 X が実現値 x をとる事象を C，別の変数 Y が y をとる事象を D と考えることにしよう．そうすると，X が実現値 x をとり，か

つ Y が実現値 y をとる確率関数 $W(x;y)$ が(3.25)の左辺に対応し，右辺をみると，各々の確率関数 $W_X(x), W_Y(y)$ の積で表わされることになる．すなわち，

$$W(x;y) = W_X(x) W_Y(y) \tag{3.26}$$

となる．ここに，$W(x;y)$ を**結合確率関数**(joint probability function)という．

確率変数 X の実現値を x_i，Y の実現値を y_j とすると，X, Y が独立のとき

$$\langle XY \rangle = \sum_i \sum_j x_i y_j W(x_i;y_j)$$

$$= \sum_i x_i W_X(x_i) \cdot \sum_j y_j W_Y(y_j)$$

$$= \langle X \rangle \langle Y \rangle \tag{3.27a}$$

となる．

これをさらに一般化すると，任意の関数 $f(x), g(y)$ に対して

$$\langle f(X) g(Y) \rangle = \langle f(X) \rangle \langle g(Y) \rangle \tag{3.27b}$$

となる．すなわち

「独立な確率変数の関数の積の期待値は，それぞれの関数の期待値の積で表わされる」

ことになる．

この結果を(3.24)の右辺第2項に使うと

$$\sum_l \sum_{l'} \langle (X^{(l)} - \mu_l)(X^{(l')} - \mu_{l'}) \rangle = \sum_l \sum_{l'} \langle (X^{(l)} - \mu_l) \rangle \langle (X^{(l')} - \mu_{l'}) \rangle$$
$$\scriptstyle (l \ne l') \qquad\qquad\qquad\qquad\qquad (l \ne l')$$

$$= 0 \tag{3.28}$$

が得られる．ここで，(3.20)を参照して

$$\langle (X^{(l)} - \mu_l) \rangle = \langle X^{(l)} \rangle - \mu_l = 0 \tag{3.29}$$

が成立することを使っている．

したがって，確率変数 $X(N)$ が N 個の独立な確率変数の和

$$X(N) = \sum_{l=1}^N X^{(l)} \tag{3.30}$$

で与えられるときには，その分散は(3.24)から

$$\langle (X(N) - \langle X(N) \rangle)^2 \rangle = \sum_{l=1}^{N} \langle (X^{(l)} - \mu_l)^2 \rangle$$
$$= \sum_{l=1}^{N} {\sigma_l}^2 \tag{3.31}$$

となる.

　以上をまとめて,

　　「確率変数 $X(N)$ が(3.30)のように N 個の独立な確率変数の和である

　　とき, $X(N)$ の期待値は個々の確率変数 $X^{(l)}$ の期待値の和となる.

　　また, $X(N)$ の分散も個々の確率変数 $X^{(l)}$ の分散の和となる」

ことが分かった.

　大数の法則　　$X(N)$ を構成している個々の確率変数が互いに独立でありさ
えすれば, 上のまとめが成立する. ここでは独立ということに加えて, さらに
$X^{(1)}, X^{(2)}, \cdots, X^{(N)}$ の確率分布が等しいとしよう.（このような事例にはベル
ヌーイ試行のとき(3.19)で出会っているが, 第5章以下で多くの実例にふれる
ことになろう.）　すなわち

$$\langle X^{(1)} \rangle = \langle X^{(2)} \rangle = \cdots = \langle X^{(N)} \rangle = \mu \tag{3.32}$$

および

$$\langle (X^{(1)} - \mu)^2 \rangle = \langle (X^{(2)} - \mu)^2 \rangle = \cdots = \langle (X^{(N)} - \mu)^2 \rangle = \sigma^2 \tag{3.33}$$

が成り立つときを考える.

　このとき,（1.82)に対応する確率変数

$$\bar{X} = \frac{X(N)}{N}$$
$$- \frac{1}{N}(X^{(1)} + X^{(2)} + \cdots + X^{(N)}) \tag{3.34}$$

を考えると, 期待値は(3.32)を用いて

$$\langle \bar{X} \rangle = \frac{1}{N} \cdot N\mu$$
$$= \mu \tag{3.35}$$

となる. また分散は,（3.34)の始めの式と,（3.31),(3.33)とから

$$\langle(\bar{X}-\langle\bar{X}\rangle)^2\rangle = \frac{1}{N^2}\langle(X(N)-\langle X(N)\rangle)^2\rangle$$

$$= \frac{1}{N^2}\cdot N\sigma^2$$

$$= \sigma^2/N \tag{3.36}$$

である.

そこで, チェビシェフの不等式と同等な(3.13)において

$$X \to \bar{X} \tag{3.37}$$

と置き換えると, $\bar{X}$ の期待値と分散はそれぞれ(3.35), (3.36)で与えられるので

$$P(|\bar{X}-\mu|<\varepsilon) \geqq 1-\frac{\sigma^2}{N\varepsilon^2} \tag{3.38}$$

という不等式が得られる. ここで, μ, σ^2 はそれぞれ, $\bar{X}$ を構成している個々の確率変数の期待値および分散であることに注意しよう.

(3.38)で N を大きくしていくと右辺は限りなく 1 に近づく. すなわち, 任意の ε に対して

$$|\bar{X}-\mu| < \varepsilon \tag{3.39}$$

を満足する確率がほとんど 1 となる. ε はいくらでも小さくとれるのであるから, $\bar{X}$ の値は μ のごく近くに集まることになる. (1.81)および(3.18)で 2 項分布に対する大数の法則を導いたが, (3.38)で $N\to\infty$ としたものはその一般化にあたる.

硬貨投げの例を思い起こすと, 多数の試行を繰り返して「表」の出た回数を数え, 全試行回数で割れば, その結果は平均値 1/2 に極めて近いであろう. (3.34)で定義された $\bar{X}$ は, 「試行の結果として出た表の回数を, 試行回数 N で割ったもの」を, さらに一般化している. その量が, $N\to\infty$ とともに限りなく平均 μ に近づく, というのが大数の法則である. N を大きくするとともにどんな具合に近づくか, という例が図 1-8 に示してある. 大数の法則というといかにも偉そうだが, われわれの日常的な経験をきちんと法則化したものにすぎない.

3-2 中心極限定理

第1章では2項分布 $B(n, p)$ の n の大きい極限で正規分布 $N(\mu, \sigma^2)$ を得た. 2 項分布を特徴づける確率変数は(3.19)で定義される $X(n)$ である. しかし2 項分布に限らず, (3.19)′の $X(N)$ を構成している個々の確率変数 $X^{(1)}, X^{(2)}$, $\cdots, X^{(N)}$ が互いに似た性質をもっているとき, N を大きくするにつれて正規分布が得られる. このことを以下で, 一般的に示そう.

確率変数の変換　確率変数 $X(N)$ が(3.30)のように表わされ, かつ $X^{(1)}$, $X^{(2)}, \cdots, X^{(N)}$ は同一の確率分布に従い, 期待値と分散はそれぞれ(3.32)と (3.33)とで与えられる場合を考えることにする.

2項分布に対する中心極限定理を導いたときには, (1.75)で定義された

$$Z = \frac{X - \mu}{\sigma} \tag{3.40}$$

という確率変数を考えた. この変数 Z の期待値が0で, 分散が1となるように, 変換(1.75)を行なったのであった. そこで, (3.34)で定義される $\bar{X}$ に対しては, 期待値と分散がそれぞれ(3.35), (3.36)であるから,

$$\bar{Z} = \frac{\bar{X} - \mu}{\sigma/\sqrt{N}} \tag{3.41}$$

という変換を行なって, $\bar{Z}$ の期待値が0で, 分散が1となるようにしておく.

(3.41)の右辺に(3.34)を入れ, 変数を

$$Z^{(l)} = \frac{X^{(l)} - \mu}{\sigma} \tag{3.42}$$

と変換すると

$$\bar{Z} = \frac{\sqrt{N}}{\sigma} \left\{ \frac{1}{N} \sum_{l=1}^{N} X^{(l)} - \mu \right\} = \frac{\sqrt{N}}{N\sigma} \sum_{l=1}^{N} (X^{(l)} - \mu)$$
$$= \frac{1}{\sqrt{N}} \sum_{l=1}^{N} Z^{(l)} \tag{3.43}$$

が得られる.

(3.32), (3.33)から, $X^{(l)}$ の平均は μ, 分散は σ^2 であるから, (3.42)で定義された $Z^{(l)}$ の平均は 0, 分散は 1 のはずである. まず, このことを確かめておく. (3.42)の期待値をとって

$$\langle Z^{(l)} \rangle = \frac{1}{\sigma}(\langle X^{(l)} \rangle - \mu) = 0 \tag{3.44}$$

が示せた. 次に, 分散は(3.44)を使うと

$$\langle (Z^{(l)} - \langle Z^{(l)} \rangle)^2 \rangle = \langle (Z^{(l)})^2 \rangle$$

$$= \frac{1}{\sigma^2}(\langle (X^{(l)})^2 \rangle - 2\mu\langle X^{(l)} \rangle + \mu^2)$$

$$= \frac{1}{\sigma^2}(\langle (X^{(l)})^2 \rangle - \langle X^{(l)} \rangle^2)$$

$$= \frac{1}{\sigma^2}\langle (X^{(l)} - \langle X^{(l)} \rangle)^2 \rangle$$

$$= \frac{1}{\sigma^2} \cdot \sigma^2 = 1 \tag{3.45}$$

と計算され, たしかに 1 になっている.

特性関数　そこで(2.30)で導入した特性関数を, $\bar{Z}$ に対して書くと

$$\Phi(\xi) = \langle e^{i\xi\bar{Z}} \rangle$$

$$= \langle e^{i\xi Z^{(1)}/\sqrt{N}} e^{i\xi Z^{(2)}/\sqrt{N}} \cdots e^{i\xi Z^{(N)}/\sqrt{N}} \rangle \tag{3.46}$$

である. (3.27)で示してあるように, 互いに独立な確率変数の積の期待値は, 期待値の積に分かれる. したがって, (3.46)より特性関数は

$$\Phi(\xi) = \Phi^{(1)}(\xi)\Phi^{(2)}(\xi) \cdots \Phi^{(N)}(\xi) \tag{3.47}$$

となる. ここで, $l = 1, 2, \cdots, N$ として

$$\Phi^{(l)}(\xi) = \langle e^{i\xi Z^{(l)}/\sqrt{N}} \rangle \tag{3.48}$$

は, 個々の確率変数に対する特性関数である.

(3.48)を計算するには, (2.53)で導入したキュムラント展開を用いるとよい. すなわち, $\Phi^{(l)}(\xi)$ は

$$\Phi^{(l)}(\xi) = \exp\left[\frac{i\xi}{\sqrt{N}}\langle Z^{(l)} \rangle_c + \frac{1}{2}\left(\frac{i\xi}{\sqrt{N}}\right)^2 \langle (Z^{(l)})^2 \rangle_c\right.$$

$$+\frac{1}{3!}\left(\frac{i\xi}{\sqrt{N}}\right)^3\langle(Z^{(l)})^3\rangle_c+\cdots\right] \qquad (3.49)$$

と展開される.

ここで, (3.44)より $Z^{(l)}$ の1次キュムラントは

$$\langle Z^{(l)}\rangle_c = \langle Z^{(l)}\rangle = 0 \qquad (3.50)$$

であり, また(3.45)より2次キュムラントは

$$\langle(Z^{(l)})^2\rangle_c = \langle(Z^{(l)}-\langle Z^{(l)}\rangle)^2\rangle$$
$$= 1 \qquad (3.51)$$

である.

これらをキュムラントとモーメントとの関係式(2.56)に代入することにより, 高次のキュムラントが, たとえば

$$\langle(Z^{(l)})^3\rangle_c = \langle(Z^{(l)})^3\rangle \qquad (3.52)$$

のように次々と定まる. これらの関係式(3.50)～(3.52)を(3.49)に代入すると, 特性関数(3.47)は

$$\Phi(\xi) = \exp\left[\frac{1}{2}(i\xi)^2+\frac{1}{3!}(i\xi)^3\frac{1}{\sqrt{N}}\frac{1}{N}\sum_{l=1}^{N}\langle(Z^{(l)})^3\rangle_c+\cdots\right] \qquad (3.53)$$

と展開される.

確率変数 $Z^{(l)}$ は互いに独立で同一の分布(どんな分布でもよい)に従うのであるから, たとえば3次キュムラント

$$\langle(Z^{(l)})^3\rangle_c$$

はすべての l にたいして同じ値である. ゆえに,

$$\frac{1}{N}\sum_{l=1}^{N}\langle(Z^{(l)})^3\rangle_c = \langle(Z^{(l)})^3\rangle_c \qquad (3.54)$$

が成り立つ. 4次以上のキュムラントに関しても, (3.54)と同様の関係が成り立つ.

したがって, (3.53)は

$$\Phi(\xi) = \exp\left[\frac{1}{2}(i\xi)^2+\frac{1}{3!}(i\xi)^3\frac{1}{\sqrt{N}}\langle(Z^{(l)})^3\rangle_c+\cdots\right] \qquad (3.55)$$

となり, $N\to\infty$ とすると

$$\Phi(\xi) = e^{-\xi^2/2} \tag{3.56}$$

という極めて単純な結果を得た.

中心極限定理　ここで，確率変数 X にたいする正規分布(1.72)

$$W(x) = \frac{1}{\sqrt{2\pi\sigma^2}} e^{-(x-\mu)^2/2\sigma^2} \tag{3.57}$$

の特性関数は(2.43)，すなわち

$$\Phi(\xi) = e^{i\xi\mu - \xi^2\sigma^2/2} \tag{3.58}$$

であることを思い出そう．(3.56)と(3.58)とを比較すると，(3.41)で定義される確率変数 $\bar{Z}$ の確率分布は，$\mu=0$, $\sigma=1$ の正規分布であることが分かる．したがって(3.57)から，確率密度は

$$W(\bar{z}) = \frac{1}{\sqrt{2\pi}} e^{-\bar{z}^2/2} \tag{3.59}$$

で与えられる.

　すなわち，第1章の(1.76)では2項分布という特殊な場合に中心極限定理が成り立つことを示したが，ここでは,

　　「同一の分布に従う，互いに独立な N 個の確率変数 $X^{(1)}, X^{(2)}, \cdots,$
　　$X^{(N)}$ の和を用い，(3.41)によって $\bar{Z}$ をつくる．$\bar{Z}$ の分布は $N \to \infty$ と
　　ともに正規分布 $N(0,1)$ となる」

という**中心極限定理**が一般的に示された．あるいは，この定理を標語的に,

　　「傑出者のいないドングリの背競べを多人数でやれば，平均値のまわ
　　りに正規分布する」

とまとめてもよいだろう.

　実際，人間の身長の分布は極めて正規分布に近いことが知られている．「背競べ」だけでなく，動物の体重分布も，正規分布に近いのである.

3-3　正規分布の性質

　確率変数の和の分布　前節で証明した中心極限定理は，互いに独立な確率変数の和の確率分布が，N の大きな極限で正規分布に漸近することを主張す

るものであった．正規分布が確率・統計のさまざまな問題に登場する理由がここにある．では，(3.30)の和を構成している確率変数，$X^{(1)}, X^{(2)}, \cdots, X^{(N)}$ 自身が正規分布に従い，しかも互いに独立であるとすれば，確率変数

$$X(N) = \sum_{l=1}^{N} X^{(l)} \tag{3.60}$$

は，どのような分布に従うであろうか．

ここで，$X^{(1)}, X^{(2)}, \cdots, X^{(N)}$ を**正規確率変数**(normal stochastic variable)とよぶことにしよう．まず，中心極限定理を導いたときと同様に特性関数を調べることにする．(3.60)の X の特性関数は(2.30)より

$$\Phi(\xi) = \langle e^{i\xi X(N)} \rangle \tag{3.61a}$$

$$= \langle \exp[i\xi(X^{(1)} + X^{(2)} + \cdots + X^{(N)})] \rangle \tag{3.61b}$$

である．性質(3.27)を用いた $\Phi(\xi)$ の計算法は(3.47)に示してあるが，もう一度分かりやすい導出法を与えておく．

確率変数 $X^{(1)}$ が実現値 $x^{(1)}$ をとり，かつ $X^{(2)}$ が $x^{(2)}$ をとり，…，かつ $X^{(N)}$ が $x^{(N)}$ をとる結合確率密度は，$N=2$ に対応する(3.26)の左辺を一般化した

$$W(x^{(1)}; x^{(2)}; \cdots; x^{(N)}) \tag{3.62}$$

となる．さらに，$X^{(1)}, X^{(2)}, \cdots, X^{(N)}$ は互いに独立であるから，(3.62)は(3.26)の右辺のように積の形に表わされ，

$$W(x^{(1)}; x^{(2)}; \cdots; x^{(N)}) = W_{X^{(1)}}(x^{(1)}) W_{X^{(2)}}(x^{(2)}) \cdots W_{X^{(N)}}(x^{(N)}) \tag{3.63}$$

となる．

したがって，(3.61b)は(2.39)を多変数に拡張した

$$\begin{aligned}
\Phi(\xi) &= \int_{-\infty}^{\infty} dx^{(1)} \int_{-\infty}^{\infty} dx^{(2)} \cdots \int_{-\infty}^{\infty} dx^{(N)} W(x^{(1)}; x^{(2)}; \cdots; x^{(N)}) \\
&\quad \times \exp[i\xi(x^{(1)} + x^{(2)} + \cdots + x^{(N)})] \\
&= \int_{-\infty}^{\infty} dx^{(1)} W_{X^{(1)}}(x^{(1)}) e^{i\xi x^{(1)}} \cdot \int_{-\infty}^{\infty} dx^{(2)} W_{X^{(2)}}(x^{(2)}) e^{i\xi x^{(2)}} \cdots \\
&\quad \times \int_{-\infty}^{\infty} dx^{(N)} W_{X^{(N)}}(x^{(N)}) e^{i\xi x^{(N)}} \\
&= \langle e^{i\xi X^{(1)}} \rangle \langle e^{i\xi X^{(2)}} \rangle \cdots \langle e^{i\xi X^{(N)}} \rangle \tag{3.64}
\end{aligned}$$

となって，それぞれの確率変数に対する特性関数の積で表わされる．すなわち，$l = 1, 2, \cdots, N$ として，

$$\Phi^{(l)}(\xi) = \langle e^{i\xi X^{(l)}} \rangle \tag{3.65}$$

は，$X^{(l)}$ に対する特性関数であるから，(3.64)は

$$\Phi(\xi) = \Phi^{(1)}(\xi)\Phi^{(2)}(\xi)\cdots\Phi^{(N)}(\xi) \tag{3.66}$$

である．

ここまでは，すべての $X^{(l)}$ が互いに独立である，ということしか使っていない．

次に，$X^{(l)}$ が正規分布に従う確率変数であるという要請から，(2.43)が成り立ち，(3.65)は

$$\Phi^{(l)}(\xi) = \exp\left[i\xi\mu_l + (i\xi)^2 \frac{\sigma_l{}^2}{2} \right] \tag{3.67}$$

となる．ここで，$\mu_l, \sigma_l{}^2$ は，それぞれ(3.20), (3.21)で定義された平均と分散である．したがって，(3.66), (3.67)から，(3.60)の $X(N)$ に対する特性関数は

$$\Phi(\xi) = \exp\left[i\xi \sum_{l=1}^{N} \mu_l + (i\xi)^2 \sum_{l=1}^{N} \frac{\sigma_l{}^2}{2} \right] \tag{3.68}$$

で与えられる．

一方，(3.61a)をキュムラント展開すると，(2.53a)より

$$\Phi(\xi) = \exp\left[i\xi\langle X(N)\rangle_{\mathrm{c}} + \frac{(i\xi)^2}{2}\langle X(N)^2\rangle_{\mathrm{c}} + \cdots \right] \tag{3.69}$$

となる．(3.68)と(3.69)とを比較して，

$$\langle X(N)\rangle_{\mathrm{c}} = \langle X(N)\rangle$$
$$= \sum_{l=1}^{N} \mu_l = \sum_{l=1}^{N} \langle X^{(l)}\rangle \tag{3.70}$$

$$\langle X(N)^2\rangle_{\mathrm{c}} = \langle (X(N)-\langle X(N)\rangle)^2\rangle$$
$$= \sum_{l=1}^{N} \sigma_l{}^2 = \sum_{l=1}^{N} \langle (X^{(l)}-\langle X^{(l)}\rangle)^2\rangle \tag{3.71}$$

および

$$\langle X(N)^k \rangle_{\mathrm{c}} = 0 \qquad (k \geqq 3) \tag{3.72}$$

が得られた．ここで，(3.20),(3.21)の定義を使っている．

(3.70)～(3.72)の関係は，(2.59)～(2.61)と同等であるから，

　　「互いに独立な正規確率変数の和も，また正規確率変数となる．和の

　　確率変数の平均および分散は，和を構成している確率変数の平均の和，

　　および分散の和に等しい」

のである．この性質を正規分布の**再生性**という．和と分散に関しては，一般的
な関係式(3.22),(3.31)が成り立たなければならず，(3.70),(3.71)をみると，
たしかにそうなっている．

第5章では，同一の確率分布に従う集団の中から，いくつかのサンプルを抜
き出す，ということを行なうが，ここで得られた結果が重要な役割を果たすこ
とになる．

正規確率変数の平均量　　後の章で必要となるので，(3.34)で与えられる

$$\bar{X} = \frac{X(N)}{N}$$

$$= \frac{1}{N} \sum_{l=1}^{N} X^{(l)} \tag{3.73}$$

という平均量の確率分布を調べておこう．ここに，$X^{(1)}, X^{(2)}, \cdots, X^{(N)}$ は互い
に独立な正規確率変数である．

$X(N)$ は $\bar{X}$ の N 倍であるから，(3.68)にいたる計算をそっくり繰り返すだ
けのことである．したがって結論のみをかけば

$$\Phi_{\bar{X}}(\xi) = \langle e^{i\xi\bar{X}} \rangle \tag{3.74}$$

$$= \exp\left[i\xi\langle\bar{X}\rangle_{\mathrm{c}} + \frac{(i\xi)^2}{2}\langle(\bar{X})^2\rangle_{\mathrm{c}} \right] \tag{3.75}$$

である．(3.74)には，確率変数 $\bar{X}$ に対する特性関数であることを示す目印を
つけてある．また，

$$\langle\bar{X}\rangle_{\mathrm{c}} = \langle\bar{X}\rangle$$

$$= \frac{1}{N} \sum_{l=1}^{N} \langle X^{(l)} \rangle \tag{3.76}$$

および

$$\langle (\bar{X})^2 \rangle_c = \langle (\bar{X} - \langle \bar{X} \rangle)^2 \rangle$$
$$= \frac{1}{N} \cdot \frac{1}{N} \sum_{l=1}^{N} \langle (X^{(l)} - \langle X^{(l)} \rangle)^2 \rangle \tag{3.77}$$

である．したがって(3.75)から，$\bar{X}$ も正規確率変数である．

ここで，$X^{(1)}, X^{(2)}, \cdots, X^{(N)}$ がすべて同一の正規分布 $N(\mu, \sigma^2)$ に従う場合を考えることにする．すなわち，

$$\langle X^{(1)} \rangle = \langle X^{(2)} \rangle = \cdots = \langle X^{(N)} \rangle$$
$$= \mu \tag{3.78}$$
$$\langle (X^{(1)} - \langle X^{(1)} \rangle)^2 \rangle = \cdots = \langle (X^{(N)} - \langle X^{(N)} \rangle)^2 \rangle$$
$$= \sigma^2 \tag{3.79}$$

であるから，(3.76), (3.77)はそれぞれ

$$\langle \bar{X} \rangle_c = \langle \bar{X} \rangle$$
$$= \mu \tag{3.80}$$

および

$$\langle (\bar{X})^2 \rangle_c = \langle (\bar{X} - \langle \bar{X} \rangle)^2 \rangle$$
$$= \frac{1}{N} \cdot \frac{1}{N} \cdot N\sigma^2$$
$$= \frac{\sigma^2}{N} \tag{3.81}$$

となる．

このあたりの計算は，(3.32)～(3.36)を繰り返しているようにみえるが，本質的な違いがある．それは，$\bar{X}$ の特性関数が(3.75)で与えられ，$\bar{X}$ の確率分布がきちんと定まっている点である．

すなわち，(3.80), (3.81)から，

「(3.73)で与えられる正規確率変数の平均量 $\bar{X}$ は，構成要素の $X^{(1)}$, $X^{(2)}, \cdots, X^{(N)}$ が互いに独立で同一の分布 $N(\mu, \sigma^2)$ に従うとき，正規分布 $N(\mu, \sigma^2/N)$ に従う」

のである．

例題 3-2 （3.73)の $\bar{X}$ を構成している全ての確率変数が分布 $N(\mu, \sigma^2)$ に従うとき, $\bar{X}$ を変換して $N(0,1)$ に従う確率変数を求めよ.

［解］ ある正規確率変数 X が $N(\mu, \sigma^2)$ に従うとき, (1.75)の標準化変換

$$Z = \frac{X-\mu}{\sqrt{\sigma^2}}$$

$$= \frac{X-\mu}{\sigma} \tag{3.82}$$

によって, $N(0,1)$ に従う確率変数 Z を得た.

したがって, $N(\mu, \sigma^2/N)$ に従う $\bar{X}$ に対しては,

$$\bar{Z} = \frac{\bar{X}-\mu}{\sigma/\sqrt{N}} \tag{3.83}$$

という変換を行なえば, $\bar{Z}$ は $N(0,1)$ に従う. ▌

これも, (3.41)を使って(3.56)を示したことと同じにみえるだろうか. 中心極限定理が語っているのは, 任意の独立な確率変数の和の分布が, 変数をうまくとって(3.41)のようにすると, 漸近的に($N \to \infty$ とともに) $N(0,1)$ に近づく, ということである. 一方, 上の例題が語っているのは, 正規確率変数の和の分布は, (3.83)の変換によって常に(N がいくつであっても) $N(0,1)$ である, ということである.

正規分布に従う確率変数のもつこのような振舞いは, 後の章でも何回か顔を出すことになる. また, 同一の分布に従うという条件, (3.78)～(3.79)も, ずいぶんな特殊化だと思えようが, 第5～第6章では中心的な役割を演ずるのである.

第3章演習問題

[1] 離散的確率変数 X は実現値

$$x_1 = 0, \quad x_2 = \frac{1}{2}, \quad x_3 = 1$$

をとり，それぞれの実現確率は

$$W_1 = \frac{1}{2}, \ \ W_2 = \frac{1}{4}, \ \ W_3 = \frac{1}{4}$$

である．このとき $\varepsilon = 1/2$ に対して，マルコフの不等式が成り立つことを示せ．

[2] 硬貨投げを 10 回行なった．表の出る回数を X として，

$$3 \leqq X \leqq 7$$

となるような確率を求めよ．

[3] 1 回目にサイコロを振ったときに出る目の数を表わす確率変数を $X^{(1)}$，2 回目を $X^{(2)}$，…，N 回目を $X^{(N)}$ とし，全部で N 回振ったときの出る目の総和を X とかくことにする．$N=4$ のときの X の期待値と分散を計算せよ．

[4] 正規分布 $N(\mu, \sigma^2)$ に従う確率変数 X がある．X が

$$\mu - \sigma < X < \mu + \sigma$$

および

$$\mu - 2\sigma < X < \mu + 2\sigma$$

に入る確率を求めよ．

[5] 分散 σ^2 の正規分布に従う確率変数 X があり，$\langle X \rangle = 0$ とする．$l = 1, 2, 3, \cdots$ に対して

$$\langle X^{2l} \rangle = \frac{(2l)!}{l!} \frac{1}{2^l} \sigma^{2l}$$

となることを示せ．

また

$$\langle X^{2l+1} \rangle = 0$$

をも示せ．

4 統計に用いられる分布

いままで扱ってきた確率分布の中でも，正規分布は特別の重要性をもつ．この章では正規分布から得られる，χ^2（カイ 2 乗）分布，F 分布，t 分布について学ぶ．これらの分布は，第 5 章で扱われる推定，第 6 章のテーマである検定の，数学的基礎を与えている．そして，それぞれの分布の応用上必要な部分は，数表として巻末にまとめられている．したがって，これらの確率分布は統計の土台として極めて重要である．

　ただ，かなり面倒な計算が続くので，統計の応用に主な関心のある人は，数式導出法の細部にはこだわらず，それぞれの分布の大まかな振舞いを知るためにグラフを眺めておけばよいだろう．また，応用上必要な本章の結果は 5-4 節に要約してあるので，そこを参照しながら第 5 章，第 6 章を読み進むことができる．

　数学的な基礎をきちんと学びたい読者は，じっくりと本章を読んでほしい．

4-1　カイ 2 乗分布

　確率変数の 2 乗の分布　　まず，最も基本的な正規分布 $N(0,1)$ に従う確率変数 Z を考えよう．Z の実現値は従来と同様に z とかくことにする．そうすると，Z の分布関数は(1.32)より

$$F_Z(z) = P(Z \leqq z)$$

$$= \int_{-\infty}^{z} W_Z(z) dz \qquad (4.1)$$

である．ここで確率密度は

$$W_Z(z) = \frac{1}{\sqrt{2\pi}} e^{-z^2/2} \qquad (4.2)$$

で与えられている．以下では異なる確率変数がいくつも現われるので，F_Z, W_Z の添字 Z は，確率変数 Z の分布関数および確率密度であることを明示するためにつけてある．

では，

$$Y = Z^2 \qquad (4.3)$$

に対する確率分布は，どうなるであろうか．確率変数 Y の分布関数を $F_Y(y)$ とすると

$$F_Y(y) = P(Y \leqq y)$$

$$= P(Z^2 \leqq y)$$

$$= P(-\sqrt{y} \leqq Z \leqq \sqrt{y}) \qquad (4.4)$$

と表わせるが，確率密度を使えば

$$F_Y(y) = \int_{-\sqrt{y}}^{\sqrt{y}} W_Z(z) dz$$

$$= 2 \int_{0}^{\sqrt{y}} W_Z(z) dz \qquad (4.5)$$

となる．ここで，$W_Z(z)$ が偶関数であることを用いて積分範囲を書き直してある．

次に，積分変数を $z^2 = y$ と置き換えると，$dz = dy/2z = dy/2\sqrt{y}$ を用いて，(4.5)から

$$F_Y(y) = \int_{0}^{y} \frac{1}{\sqrt{2\pi y}} e^{-y/2} dy$$

$$= \int_{0}^{y} W_Y(y) dy \qquad (4.6)$$

となる. このとき, 確率変数 Y の確率密度は

$$W_Y(y) = \frac{1}{\sqrt{2\pi}} y^{-1/2} e^{-y/2}$$

$$\equiv C_1(y) \tag{4.7}$$

で与えられる.

(4.3)では, Z^2 という変数を Y とおいて Y の分布を調べたのだが, 以下ではいくつかの確率変数の和から Y をつくる必要が生じる. いままでにも第3章の(3.19)′では, 和からなる確率変数を扱ってきている. ここでは, 異なる視点に立って, 確率変数の和の分布を求める際の, 積分公式を導いておく.

分布の合成積   確率分布が既知の, 2つの確率変数を X, Y として

$$Z = X + Y \tag{4.8}$$

という和の確率変数が従う分布を求めよう. 第3章で学んだように, X と Y がともに正規分布に従っているなら, (4.8)の Z も正規分布をする. しかし, (4.7)の確率分布に従う Y の場合は, 正規分布のような単純な性質をもたない.

まず, 確率変数 X, Y のそれぞれの実現値 x, y が離散的な場合から始めよう. (3.26)を参照して, X が実現値 x をとり, かつ, Y が実現値 y をとる結合確率関数を $W(x; y)$ とする. Z は(4.8)であるから, 対応する実現値の間にも

$$z = x + y \tag{4.9}$$

という関係がある.

ところで, Z の分布に関するすべての情報は, X と Y に関する情報の担い手である $W(x; y)$ の中に含まれている. (4.9)という制限を取り入れながら, $W(x; y)$ の中から Z の情報を引き出せばよい. すなわち, 与えられた結合確率関数 $W(x; y)$ の中から, Z の確率関数 $W_Z(z)$ を取り出すには, (4.9)という条件の下に, 可能なすべての x, y について, $W(x; y)$ を加え合わせればよい. これを式で書くと

$$W_Z(z) = \sum_x \sum_y W(x; y) \delta_{z, x+y} \tag{4.10}$$

となる. ここで, 条件(4.9)を取り入れるために

$$\delta_{i,j} = \begin{cases} 1 & (i=j \text{ のとき}) \\ 0 & (i \neq j \text{ のとき}) \end{cases} \tag{4.11}$$

という記法を導入した．（4.11）を**クロネッカーのデルタ**（Kronecker's delta）という．すなわち，（4.10）の右辺にあるクロネッカーのデルタのおかげで，$W(x;y)$ の中から，特に条件(4.9)を満足する x, y の組合せのみが，生き残ることになる．

まず(4.10)の右辺で，y に関する和をとる．クロネッカーのデルタが 1 になるのは

$$y = z - x \tag{4.12}$$

のときのみであるから，

$$W_Z(z) = \sum_x W(x; z-x) \tag{4.13}$$

となる．実現値が連続の場合には(1.30)により，和を積分に代えて

$$W_Z(z) = \int_{-\infty}^{\infty} W(x; z-x) dx \tag{4.14}$$

とすればよい．

特別な場合として X と Y とが独立であれば，（4.14）は(3.26)によって

$$W_Z(z) = \int_{-\infty}^{\infty} W_X(x) W_Y(z-x) dx \tag{4.15}$$

となる．積分(4.15)を**合成積**（あるいは**畳み込み積分**，convolution）という．

カイ 2 乗分布   以上の準備のもとに，（4.3）を一般化した

$$Y(N) = (Z^{(1)})^2 + (Z^{(2)})^2 + \cdots + (Z^{(N)})^2 \tag{4.16}$$

という確率変数の分布を考えよう．ここで，$Z^{(1)}, Z^{(2)}, \cdots, Z^{(N)}$ は互いに独立な確率変数で，同一の標準正規分布 $N(0,1)$ に従うものとする．あるいは(4.16)を

$$Y(N) = Y^{(1)} + Y^{(2)} + \cdots + Y^{(N)} \tag{4.17}$$

とかくことにする．上式の N を確率変数 $Y(N)$ の自由度の数という．ここで

$$Y^{(1)} = (Z^{(1)})^2, \quad Y^{(2)} = (Z^{(2)})^2, \quad \cdots, \quad Y^{(N)} = (Z^{(N)})^2 \tag{4.18}$$

とおいている．（4.18）の $Y^{(1)}, Y^{(2)}, \cdots, Y^{(N)}$ のそれぞれの分布は，（4.7）の確

率密度 $C_1(y)$ で表わされる.

　任意の N に対する表式を直接に求めるのは無理なので, まず $N=2$ の場合を調べることにしよう. このとき(4.17)より

$$Y(2) = Y^{(1)} + Y^{(2)} \tag{4.19}$$

となる. (4.19)に対応して, 実現値の間にも

$$y(2) = y^{(1)} + y^{(2)} \tag{4.19}'$$

という関係がある. $Y^{(1)}$ と $Y^{(2)}$ とは互いに独立であるから, (4.15)の合成積が使える. 右辺の確率密度には $C_1(y)$ を用いればよく, (4.19)の $Y(2)$ の確率密度は

$$W_{Y(2)}(y(2)) = \int_0^{y(2)} C_1(y^{(1)}) C_1(y(2) - y^{(1)}) dy^{(1)} \tag{4.20}$$

である. さらに, 積分の上限が $y(2)$, 下限が 0 となっているのは次の理由による. まず(4.18)より, $Y^{(1)}$ と $Y^{(2)}$ の実現値 $y^{(1)}, y^{(2)}$ は負にはなれないことが分かる. したがって(4.19)$'$ から得られる不等式

$$y^{(2)} = y(2) - y^{(1)} \geqq 0$$

から

$$0 \leqq y^{(1)} \leqq y(2) \tag{4.21}$$

となって, (4.20)の積分範囲が定まる.

　(4.7)を(4.20)に代入して, 積分変数を $y^{(1)} \to x$ と書き換えると,

$$W_{Y(2)}(y(2)) = \frac{1}{2\pi} \int_0^{y(2)} x^{-1/2} e^{-x/2} (y(2) - x)^{-1/2} e^{-(y(2)-x)/2} dx$$

となる. さらに積分変数を x から u へ

$$x = u y(2) \tag{4.22}$$

と変換すると,

$$W_{Y(2)}(y(2)) = \frac{1}{2\pi} e^{-y(2)/2} \int_0^1 [y(2)u]^{-1/2} [y(2)(1-u)]^{-1/2} y(2) du$$

$$= e^{-y(2)/2} \cdot \frac{1}{2\pi} \int_0^1 [u(1-u)]^{-1/2} du \tag{4.23}$$

を得る.

(4.23)の定積分はある数を与える．この積分は多少面倒なので，積分を実行せずに

$$W_{Y(2)}(y(2)) = A_2 e^{-y(2)/2} \qquad (4.24)$$

とおいて，可能な状態すべてをつくせば確率は1となるという条件

$$\int_0^\infty W_{Y(2)}(y(2))dy(2) = 1 \qquad (4.25)$$

からA_2を定めることにする．

(4.24)を(4.25)に入れて指数関数を積分すると

$$A_2 \int_0^\infty e^{-y/2}dy = A_2\bigl[-2e^{-y/2}\bigr]_0^\infty = 1$$

から

$$A_2 = \frac{1}{2} \qquad (4.26)$$

を得る．

したがって，(4.17)で$N=2$のときには，(4.24)より

$$W_{Y(2)}(y) = \frac{1}{2}e^{-y/2} \qquad (4.27)$$

$$\equiv C_2(y)$$

となる．ここで，$y(2)$を簡単にyとかいている．以下でもこのかき方にならうことにする．(4.27)を(平均2の)**指数分布**(exponential distribution)という．

(4.7)と(4.27)を見て，任意のNに対する確率密度$C_N(y)$は

$$C_N(y) = A_N y^{(N/2)-1} e^{-y/2} \qquad (4.28)$$

ではないかという見当をつけてみよう．$N=3$，$N=4$と進むことはしないで，以下で帰納法による証明を行なう．

[(4.28)の証明] $N=1$で(4.28)が成立することは(4.7)で分かっている．

つぎに，(4.28)が$N \to N-1$で成り立つことを仮定して，(4.28)がNで成り立つことが示せればよい．そのために，ふたたび(4.15)を使う．そして(4.20)のときと同様にして

$$C_N(y) = \int_0^y C_{N-1}(x) C_1(y-x) dx \tag{4.29}$$

の右辺を計算し，左辺と等しいことが示せればよいことになる．

(4.28)で $N \to N-1$ と置き換えて(4.29)の右辺に代入すると

$$A_1 A_{N-1} \int_0^y x^{(N-1)/2-1} e^{-x/2} (y-x)^{-1/2} e^{-(y-x)/2} dx$$

$$= A_1 A_{N-1} e^{-y/2} \int_0^y x^{(N-3)/2} (y-x)^{-1/2} dx$$

$$= A_1 A_{N-1} e^{-y/2} \int_0^1 (yu)^{(N-3)/2} [y(1-u)]^{-1/2} y du$$

$$= A_1 A_{N-1} \int_0^1 u^{(N-3)/2} (1-u)^{-1/2} du \cdot y^{(N/2)-1} e^{-y/2} \tag{4.30}$$

となる．2つ目の等号で(4.22)の変数変換を行なっている．(4.30)の最終表式で定積分の部分は N のみに依存する量であるから，(4.28)と比較して

$$A_1 A_{N-1} \int_0^1 u^{(N-3)/2} (1-u)^{-1/2} du \leftrightarrow A_N \tag{4.31}$$

と対応させれば，

$$(4.30) = C_N(y)$$

となって(4.29)は成立する．したがって $C_N(y)$ は(4.28)で与えられる． ∎

(4.28)の A_N は(4.31)の関係を使って N の小さい方から次々に決めることもできるが，確率密度を実現値のとり得るすべての領域で積分すれば1となるという性質を用いて直接求めることにしよう．すなわち，

$$\int_0^\infty C_N(y) dy = 1 \tag{4.32}$$

に(4.28)を代入すると

$$A_N \int_0^\infty y^{(N/2)-1} e^{-y/2} dy = 1$$

となるが，$y/2 = x$ と変数を変換すると

$$A_N 2^{N/2} \int_0^\infty x^{(N/2)-1} e^{-x} dx = 1 \tag{4.33}$$

を得る．(4.33)に現われる積分はガンマ関数(Gamma function)

$$\Gamma(\lambda) = \int_0^\infty x^{\lambda-1} e^{-x} dx \tag{4.34}$$

を用いて表わされる．すなわち(4.33)から

$$A_N = \frac{1}{2^{N/2}\Gamma(N/2)} \tag{4.35}$$

を得る．

(4.28),(4.35)より，$y>0$ に対して，

$$C_N(y) = \frac{1}{2^{N/2}\Gamma(N/2)} y^{(N/2)-1} e^{-y/2} \tag{4.36}$$

が求まった．関数 $C_N(y)$ は，$y \leqq 0$ ではゼロと約束しておく．

確率密度が(4.36)で与えられる確率分布を自由度 N の **χ^2（カイ2乗）分布**（chi-square distribution）という．なぜ χ^2 分布が必要かといえば，(3.31)の右辺のように確率変数の2乗の和が，第5章以降にしばしば登場するからである．そこでは，(4.16)のように，正規分布 $N(0,1)$ に従う確率変数の2乗の和が問題となるので，(4.36)は重要な役割を演ずることになる．

結論にたどりつくまでに大旅行をしたので，まとめをしておく．

「標準正規分布 $N(0,1)$ に従う互いに独立な N 個の確率変数の2乗の和(4.16)は，自由度 N のカイ2乗分布(4.36)に従う．」

カイ2乗分布(4.36)を計算するには，ガンマ関数の値が必要である．そこで，ガンマ関数の性質を調べておこう．(4.34)より

$$\Gamma(\lambda+1) = \int_0^\infty x^\lambda e^{-x} dx \tag{4.37}$$

であるが，x で部分積分すると

$$\Gamma(\lambda+1) = \left[-x^\lambda e^{-x}\right]_0^\infty + \lambda \int_0^\infty x^{\lambda-1} e^{-x} dx$$
$$= \lambda \Gamma(\lambda) \tag{4.38}$$

が得られる．ここで，上の式の右辺第1項が消えるためには，$\lambda>0$ が必要である．

[例1] λが小さい値に対する例をあげておこう．(4.34)より，λ=1のとき

$$\Gamma(1) = \int_0^\infty e^{-x} dx$$
$$= 1 \tag{4.39}$$

を得る．また，λ=1/2のときには

$$\Gamma\left(\frac{1}{2}\right) = \int_0^\infty x^{-1/2} e^{-x} dx$$

となるが，変数を $x = u^2/2$ と変換して

$$\Gamma\left(\frac{1}{2}\right) = \sqrt{2} \int_0^\infty e^{-u^2/2} du$$
$$= \frac{\sqrt{2}}{2} \int_{-\infty}^\infty e^{-u^2/2} du$$
$$= \sqrt{\pi} \tag{4.40}$$

となる．ここで，(1.71)の積分公式を使っている．▌

さらに大きなλに対する $\Gamma(\lambda)$ の値を求めるには，(4.38)を繰り返し用いればよい．すなわち，

$$\Gamma\left(\frac{N}{2}\right) = \left(\frac{N}{2}-1\right)\Gamma\left(\frac{N}{2}-1\right)$$
$$\Gamma\left(\frac{N}{2}-1\right) = \left(\frac{N}{2}-2\right)\Gamma\left(\frac{N}{2}-2\right)$$
$$\cdots\cdots\cdots\cdots$$

を次つぎに代入して

$$\Gamma\left(\frac{N}{2}\right) = \left(\frac{N}{2}-1\right)\left(\frac{N}{2}-2\right)\left(\frac{N}{2}-3\right)\cdots \tag{4.41}$$

となる．…の最後の項は，Nが偶数なら $\Gamma(1)$，またNが奇数なら $\Gamma(1/2)$ であるから，(4.39), (4.40)より，

$$\Gamma\left(\frac{N}{2}\right) = \left(\frac{N}{2}-1\right)\left(\frac{N}{2}-2\right)\left(\frac{N}{2}-3\right)\cdots 2\cdot 1 \quad (N=偶数) \tag{4.42}$$

$$\Gamma\left(\frac{N}{2}\right) = \left(\frac{N}{2}-1\right)\left(\frac{N}{2}-2\right)\left(\frac{N}{2}-3\right)\cdots\frac{1}{2}\cdot\sqrt{\pi} \qquad (N=\text{奇数}) \qquad (4.43)$$

が得られる.

[例2] (4.36), (4.40)から

$$C_1(y) = \frac{1}{\sqrt{2\pi}}y^{-1/2}e^{-y/2}$$

また, (4.36), (4.39)から

$$C_2(y) = \frac{1}{2}e^{-y/2}$$

を得る. これらの結果はそれぞれ, (4.7)および(4.27)と一致している. ∎

図4-1にはカイ2乗分布の確率密度が$N=1$に対して描いてある. また, 図4-2にはNが2以上のグラフが描いてある. 2つの図を比較して分かるように, $N=1$と2のグラフが特殊で, 3以上は定性的にはほとんど同じ振舞いをする.

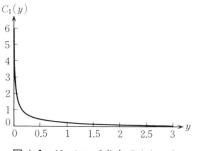

図4-1 $N=1$のχ^2分布$C_1(y)$のグラフ

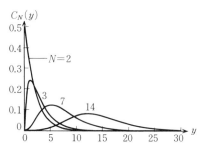

図4-2 $N=2,3,7,14$のときのχ^2分布. Nが大きいほど, 右側に裾を引いている.

例題4-1 自由度Nのカイ2乗分布に従う確率変数Yの, 平均値および分散を求めよ.

[解] Yの平均値は(4.36)から

$$\langle Y \rangle = \frac{1}{2^{N/2}\Gamma(N/2)} \int_0^\infty y^{N/2}e^{-y/2}dy$$

であるが，$y/2 = x$ と変数を変換して，ガンマ関数の定義(4.34)と関係式 (4.38)を用いると，

$$\langle Y \rangle = \frac{1}{2^{N/2}\Gamma(N/2)} \cdot 2^{N/2+1}\Gamma\left(\frac{N}{2}+1\right)$$

$$= \frac{2}{\Gamma(N/2)} \frac{N}{2} \Gamma\left(\frac{N}{2}\right)$$

$$= N \tag{4.44}$$

となる.

同様にして，(4.38)を2回使うと，

$$\langle Y^2 \rangle = \frac{1}{2^{N/2}\Gamma(N/2)} \int_0^\infty y^{(N/2)+1} e^{-y/2} dy$$

$$= \frac{1}{2^{N/2}\Gamma(N/2)} \cdot 2^{(N/2)+2}\Gamma\left(\frac{N}{2}+2\right)$$

$$= \frac{2^2}{\Gamma(N/2)} \left(\frac{N}{2}+1\right)\frac{N}{2} \Gamma\left(\frac{N}{2}\right)$$

$$= N(N+2) \tag{4.45}$$

を得る. したがって，Y の分散は(2.8),(4.44),(4.45)から，

$$\langle Y^2 \rangle_c = \langle Y^2 \rangle - \langle Y \rangle^2$$

$$= N(N+2) - N^2$$

$$= 2N \tag{4.46}$$

となる. ∎

例題 4-2　カイ2乗分布(4.36)で，$N=7$ に対して積分

$$\int_u^\infty C_N(y)dy = \alpha \tag{4.47}$$

を満足する u の値を求めよ. ただし，$\alpha = 0.05$ とする.

[解]　カイ2乗分布のグラフは図4-1, 図4-2に示してある. 図4-3には，$N=7$ のグラフがもう一度抜き出してある. このグラフと横軸とで囲まれた面積は(4.32)から分かるように1となっている. 図で影をつけた部分の面積が $\alpha = 0.05$ となるような u の値は巻末の附表3より，14.07である. ∎

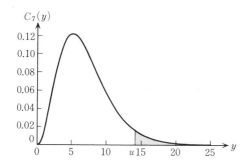

図4-3 $N=7$ のとき の χ^2 分布

何のためにこんな計算をするのかと疑問が湧くだろう．じつは，第5章，第6章で，このような計算が必要となる．

4-2 F 分 布

前節では，正規分布に従う確率変数の2乗の和が，カイ2乗分布に従うことを知った．では，カイ2乗分布に従う確率変数には，何か特別な性質があるだろうか．

変数の変換 そこで，カイ2乗分布に従う独立な2つの確率変数 Y_1, Y_2 を考え，それぞれの確率変数の自由度を N_1, N_2 とする．そして，

$$X = N_1 Y_2 \tag{4.48}$$

および

$$Y = \frac{Y_1/N_1}{Y_2/N_2} \tag{4.49}$$

という変数変換を行ない，(4.49)で表わされる確率変数 Y の分布を求めてみよう．このようなことをするのは，先々必要となるからである．

　以下では変数の変換に伴って，確率密度がどのように変換されるかが問題となる．そこで，1変数の場合を調べておく．

　まず，ある確率変数 Y_1 が別の確率変数 Y の関数であるとする．すなわち，

$$Y_1 = Y_1(Y) \tag{4.50}$$

である．このとき，Y_1 の確率密度 $W_{Y_1}(y_1)$ は分かっているとして，Y の確率

密度 $W_Y(y)$ を求めよ, という問題を考えるのである. Y_1 の実現値をある領域 D に見出す確率は

$$\int_D W_{Y_1}(y_1)dy_1 \tag{4.51}$$

である. 一方, 領域 D は(4.50)によって, Y の領域 E に変換されるとしよう. この領域 E に Y の実現値を見出す確率は

$$\int_E W_Y(y)dy \tag{4.52}$$

となる. (4.51), (4.52)の両者が等しくなるように $W_Y(y)$ を定めればよい.

すなわち,

$$\int_E W_Y(y)dy = \int_D W_{Y_1}(y_1)dy_1 \tag{4.53a}$$

$$= \int_E W_{Y_1}(y_1(y))\frac{dy_1(y)}{dy}dy \tag{4.53b}$$

より,

$$W_Y(y) = W_{Y_1}(y_1(y))\frac{dy_1(y)}{dy} \tag{4.54}$$

が得られた.

以上の結果を2変数の場合に拡張したい. まず, 2つの確率変数 Y_1, Y_2 の結合確率密度を $W_{Y_1, Y_2}(y_1 ; y_2)$ とし, X と Y の結合確率密度を $W_{X, Y}(x ; y)$ とする. X, Y, Y_1, Y_2 の間には,

$$Y_1 = Y_1(X, Y), \qquad Y_2 = Y_2(X, Y) \tag{4.55}$$

という関係があるとする. 1変数のときと同様に, 領域 D, E を考えると,

$$\int_E W_{X, Y}(x ; y)dxdy = \int_D W_{Y_1, Y_2}(y_1 ; y_2)dy_1dy_2$$

$$= \int_E W_{Y_1, Y_2}(y_1(x, y) ; y_2(x, y))|J|dxdy \tag{4.56}$$

となることが知られている. ここで, J はヤコビアンとよばれ

$$J = \frac{\partial(y_1, y_2)}{\partial(x, y)} = \begin{vmatrix} \dfrac{\partial y_1}{\partial x} & \dfrac{\partial y_1}{\partial y} \\ \dfrac{\partial y_2}{\partial x} & \dfrac{\partial y_2}{\partial y} \end{vmatrix} \tag{4.57}$$

で定義される行列式である。また，$|J|$ は J の絶対値を表わす．

(4.56)を証明するのはすこしばかり面倒なので，1変数のときの結果(4.53)の類推で，承認することにしよう．したがって，(4.56)より $W_{X,Y}(x;y)$ は

$$W_{X,Y}(x;y) = W_{Y_1, Y_2}(y_1(x,y); y_2(x,y))|J| \tag{4.58}$$

と定まる．

以上の準備のもとに本題に戻り，まずヤコビアン(4.57)を計算する．(4.48)，(4.49)を Y_1, Y_2 について解けば，

$$Y_1 = \frac{XY}{N_2}, \qquad Y_2 = \frac{X}{N_1} \tag{4.59}$$

となり，これより

$$J = \begin{vmatrix} y/N_2 & x/N_2 \\ 1/N_1 & 0 \end{vmatrix}$$

$$= -\frac{x}{N_1 N_2} \tag{4.60}$$

である．

また，Y_1, Y_2 は互いに独立でカイ2乗分布(4.36)に従うのであるから，(3.26)から

$$W_{Y_1, Y_2}(y_1; y_2) = C_{N_1}(y_1) C_{N_2}(y_2) \tag{4.61}$$

とかけている．したがって，(4.58)〜(4.61)から

$$W_{X,Y}(x;y) = C_{N_1}\left(\frac{xy}{N_2}\right) C_{N_2}\left(\frac{x}{N_1}\right) \frac{x}{N_1 N_2} \tag{4.62}$$

が求まった．

周辺分布　ところで(4.62)の確率密度 $W_{X,Y}(x;y)$ は，確率変数 X と Y の両方の情報をもっている．しかし，注目している変数は(4.49)の Y であるから，X に関する情報は(4.62)から消し去ればよい．

すなわち,

$$W_Y(y) = \int_0^\infty W_{X,Y}(x;y)dx \tag{4.63}$$

と, x について積分してしまえば, Y のみの確率密度が得られる. このようにして得られた $W_Y(y)$ を $W_{X,Y}(x;y)$ の**周辺確率密度**(marginal probability density)とよび, $W_Y(y)$ で表わされる分布を**周辺確率分布**(marginal probability distribution)という.

F 分布　そこで, (4.62)を(4.63)に入れて実際に積分を遂行しよう. カイ 2 乗分布の表式(4.36)を使えば

$$\begin{aligned}
W_Y(y) &= \frac{1}{N_1 N_2} \frac{1}{2^{(N_1+N_2)/2} \Gamma(N_1/2) \Gamma(N_2/2)} \\
&\quad \times \int_0^\infty \left(\frac{xy}{N_2}\right)^{(N_1/2)-1} e^{-xy/(2N_2)} \left(\frac{x}{N_1}\right)^{(N_2/2)-1} e^{-x/(2N_1)} x\, dx \\
&= \frac{y^{(N_1/2)-1}}{N_1^{(N_2/2)} N_2^{(N_1/2)} \cdot 2^{(N_1+N_2)/2} \Gamma(N_1/2) \Gamma(N_2/2)} \\
&\quad \times \int_0^\infty x^{(N_1+N_2)/2-1} e^{-\left(\frac{1}{N_1}+\frac{y}{N_2}\right)x/2} dx \tag{4.64}
\end{aligned}$$

となる. 上の表式のうち, 定積分の部分は

$$\left(\frac{1}{N_1}+\frac{y}{N_2}\right)x = 2u \tag{4.65}$$

という変数変換を行なうと,

$$\left(\frac{2}{\frac{1}{N_1}+\frac{y}{N_2}}\right)^{(N_1+N_2)/2} \int_0^\infty u^{(N_1+N_2)/2-1} e^{-u} du = \left(\frac{2}{\frac{1}{N_1}+\frac{y}{N_2}}\right)^{(N_1+N_2)/2} \Gamma\left(\frac{N_1+N_2}{2}\right) \tag{4.66}$$

と計算される. ここで, ガンマ関数の定義式(4.34)を使っている.

(4.66)を(4.64)に代入して整理すると, $y>0$ に対して

$$W_Y(y) = \frac{N_1^{(N_1/2)} N_2^{(N_2/2)} \Gamma\left(\frac{N_1+N_2}{2}\right)}{\Gamma(N_1/2)\Gamma(N_2/2)} \frac{y^{(N_1/2)-1}}{(N_1 y+N_2)^{(N_1+N_2)/2}}$$

$$\equiv W_{Y(N_1, N_2)}(y) \tag{4.67}$$

が得られる．$y \leqq 0$ では $W_{Y(N_1, N_2)}(y)$ はゼロとする．確率密度(4.67)で与えられる分布を，自由度 (N_1, N_2) の **F 分布**(F-distribution)，**スネデカーの F 分布**(Snedecor's F-distribution)，または，**フィッシャー分布**(Fisher distribution)という．

　(4.67)のグラフを，図 4-4，図 4-5 に示す．図 4-4 は (N_1, N_2) の組合せが $(1,5)$ と $(2,5)$ のときのグラフ，図 4-5 は $(3,5), (7,5), (40,5)$ のときのグラフである．これらのグラフから，$N_1 = 1, 2$ の場合は他とは振舞いが異なり，単調に減少していることが分かる．

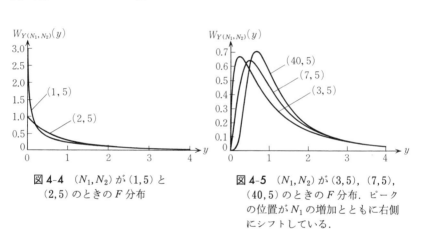

図 4-4　(N_1, N_2) が $(1,5)$ と $(2,5)$ のときの F 分布

図 4-5　(N_1, N_2) が $(3,5), (7,5), (40,5)$ のときの F 分布．ピークの位置が N_1 の増加とともに右側にシフトしている．

例題 4-3　F 分布(4.67)で，$N_1 = 5$，$N_2 = 8$ に対して積分

$$\int_u^\infty W_{Y(N_1, N_2)}(y)dy = \alpha \tag{4.68}$$

を満足する u の値を求めよ．ただし，$\alpha = 0.05$ とする．

　[解]　$N_1 = 5$，$N_2 = 8$ のときの F 分布を描くと図 4-6 のようになる．

　図の影をつけた部分の面積が $\alpha = 0.05$ となるような u の値は，巻末の F 分布の附表 4 より，$u = 3.69$ となる．■

　この例題を解く際に巻末の F 分布の表(附表 4)を用いている．すなわち数表

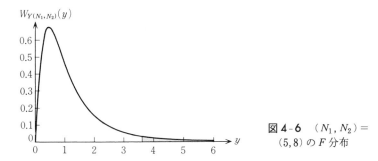

図 4-6 （N_1, N_2）＝
（5, 8）の F 分布

には，（4.68）の積分

$$\int_u^\infty W_{Y(N_1, N_2)}(y)dy = \alpha$$

を満足するような y の値 u が，$\alpha=0.05$ と $\alpha=0.01$ に対して与えてある（図 4-6 を参照せよ）．この u を，上側 $100\alpha\%$ 点といい，

$$u = y_\alpha(N_1, N_2) \tag{4.69}$$

とかくことにする．

一方，下側 $100\alpha\%$ 点とは

$$\int_0^l W_{Y(N_1, N_2)}(y)dy = \alpha \tag{4.70}$$

を満足する点 l のことである．この l の値は数表にはないのだが，実は数表を用いて求めることができるのである．このことを以下に示そう．

まず上の積分を

$$\left(\int_0^\infty - \int_l^\infty\right) W_{Y(N_1, N_2)}(y)dy = \alpha$$

と変形し，$W_{Y(N_1, N_2)}(y)$ を 0 から ∞ まで積分すると 1 となることを使えば

$$\int_l^\infty W_{Y(N_1, N_2)}(y)dy = 1-\alpha \tag{4.71}$$

を得る．

（4.68）と（4.71）を比較すると，l の値を求めるには，u の表式（4.69）で

$$\alpha \to 1-\alpha$$

と置き換えればよいことが分かる．すなわち，

$$l = y_{1-\alpha}(N_1, N_2) \tag{4.72}$$

である．

ところで(4.70)の左辺は，確率変数 Y が l より小となる確率を表わすので，

$$P(Y < l) = \alpha \tag{4.73}$$

とかいてよい．ここに，(4.39)より

$$Y = \frac{Y_1/N_1}{Y_2/N_2}$$

である．Y の逆数を

$$Y' = \frac{Y_2/N_2}{Y_1/N_1}$$

とかけば，(4.73)は

$$P\left(Y' > \frac{1}{l}\right) = \alpha \tag{4.74}$$

である．

ここで，Y' は自由度 (N_2, N_1) の F 分布に従うことに注意し，積分変数を $y' \to y$ とかき直せば，(4.74)は

$$\int_{1/l}^{\infty} W_{Y(N_2, N_1)}(y) dy = \alpha \tag{4.75}$$

となる．(4.75)は，(4.68)と同じ形の積分であるから，(4.69)で

$$u \to \frac{1}{l}, \quad (N_1, N_2) \to (N_2, N_1)$$

という置き換えをやればよい．すなわち，

$$\frac{1}{l} = y_\alpha(N_2, N_1) \tag{4.76}$$

である．

したがって，(4.72)と(4.76)とから，

$$l = y_{1-\alpha}(N_1, N_2)$$

$$= \frac{1}{y_\alpha(N_2, N_1)} \qquad (4.77)$$

という関係式を得た．すなわち，(4.70)を満足する下側 $100\alpha\%$ 点の値 l は，関係式(4.77)を用いて巻末の F 分布の数表から求めることができる．

4-3 t 分 布

統計の分野で，カイ2乗分布，F 分布と並んで重要な分布がもう1つある．

標準正規分布 $N(0,1)$ に従う確率変数 Z と，自由度 N のカイ2乗分布に従う確率変数 Y からなる確率変数

$$T = \frac{Z}{\sqrt{Y/N}} \qquad (4.78)$$

の分布を調べよう．ただし，Z と Y は互いに独立とする．

元の変数の組 (Z, Y) から，新しい変数の組 (T, R) に変換しよう．ここに

$$R = Y \qquad (4.79)$$

である．元の変数に対する結合確率密度は

$$W_{Z,Y}(z;y)$$

であり，新しい変数に対しては，

$$W_{T,R}(t;r)$$

である．両者の間には(4.58)によって

$$W_{T,R}(t;r) = W_{Z,Y}(z(t,r);y(t,r))|J| \qquad (4.80)$$

という関係がある．

ここで，ヤコビアンは

$$J = \frac{\partial(z,y)}{\partial(t,r)} = \begin{vmatrix} \dfrac{\partial z}{\partial t} & \dfrac{\partial z}{\partial r} \\ \dfrac{\partial y}{\partial t} & \dfrac{\partial y}{\partial r} \end{vmatrix} \qquad (4.81)$$

である．z, y は(4.78)，(4.79)の関係から，

$$z = t\sqrt{\frac{r}{N}}, \quad y = r \tag{4.82}$$

なので，(4.81)は

$$J = \begin{vmatrix} \sqrt{r/N} & t/2\sqrt{Nr} \\ 0 & 1 \end{vmatrix} = \sqrt{\frac{r}{N}} \tag{4.83}$$

と求まる．

確率変数 Z と Y は互いに独立なので，(4.2)と(4.36)から

$$W_{Z,Y}(z;y) = \frac{1}{\sqrt{2\pi}}e^{-z^2/2}\cdot C_N(y) \tag{4.84}$$

である．(4.84)に(4.82)を入れると，(4.80)は

$$
\begin{aligned}
W_{T,R}(t;r) &= W_{Z,Y}\left(t\sqrt{\frac{r}{N}};r\right)\sqrt{\frac{r}{N}} \\
&= \frac{e^{-t^2 r/2N}}{\sqrt{2\pi}}\frac{r^{N/2-1}e^{-r/2}}{2^{N/2}\Gamma(N/2)}\sqrt{\frac{r}{N}}
\end{aligned} \tag{4.85}
$$

となる．

必要なのは(4.78)の T に関する分布であるから，(4.63)にならって周辺分布を求めると，

$$
\begin{aligned}
W_T(t) &= \int_0^\infty W_{T,R}(t;r)dr \\
&= \frac{1}{\sqrt{2\pi N}\cdot 2^{N/2}\Gamma(N/2)}\int_0^\infty r^{(N+1)/2-1}e^{-(t^2/N+1)r/2}dr
\end{aligned} \tag{4.86}
$$

となる．ここで

$$\left(\frac{t^2}{N}+1\right)r = 2u$$

と積分変数を変換して(4.86)を書き直すと

$$W_T(t) = \frac{2^{(N+1)/2}}{\sqrt{2\pi N}\cdot 2^{N/2}\Gamma(N/2)}\frac{1}{(t^2/N+1)^{(N+1)/2}}\int_0^\infty u^{(N+1)/2-1}e^{-u}du$$

であるが，ガンマ関数の定義(4.34)を用いると，結局，

$$W_T(t) = \frac{\Gamma((N+1)/2)}{\sqrt{\pi N} \cdot \Gamma(N/2)} \frac{1}{(t^2/N+1)^{(N+1)/2}}$$

$$\equiv W_{T(N)}(t) \tag{4.87}$$

を得る．確率密度が(4.87)で与えられる分布を **t 分布**(t-distribution)あるいはスチューデント分布という．

(4.87)で $N=1$ とすれば，(4.39),(4.40)を用いて

$$W_T(t) = \frac{1}{\pi} \frac{1}{t^2+1} \tag{4.88}$$

を得る．これを特に，**コーシー分布**，あるいは**ローレンツ曲線**とよぶことがある．

図4-7には，いくつかの N に対する t 分布のグラフが描いてある．t 分布も，第5章，第6章で重要な役割を演ずることになる．

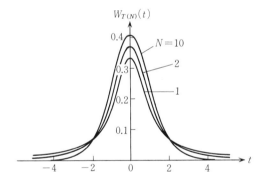

図 4-7　t 分布(4.87)
のグラフ

第 4 章演習問題

[1]
$$C_1(y) = \frac{1}{\sqrt{2\pi}} y^{-1/2} e^{-y/2}$$

を直接積分することによって

$$\int_0^\infty C_1(y)dy = 1$$

を示せ.

[2] コーシー分布(4.88)を積分したものが1となることを示せ. また, 確率変数 T の
モーメントはどうなるか.

[3] 自由度 N の t 分布に従う変数の2乗は, 自由度 $(1, N)$ の F 分布に従うことを示
せ.

[4] 関係式(4.77)を使って, $N_1 = 7$, $N_2 = 10$ に対する F 分布の下側5%点の y の値を
求めよ.

5 標本，母集団，推定

日本人全員の体重や身長を調べることは，事実上不可能である．そこで，調べようとする対象に関する少ない情報に基づいて，全体を推し測ることが必要となる．本章では，入手可能なわずかなデータによって，全体についての知識を引き出す方法や考え方を，前章までの確率的な理論をもとに展開する．

5-1 標本と母集団

標本　もはや大都会では不可能となってしまったが，かつて小学校の夏休みの宿題に，昆虫採集があった．蟬やトンボや蝶などを集めるのである．最近の子供たちは甲虫^{かぶとむし}をデパートで"採集"するようだから，こんな宿題は幻となってしまった．昔の子供たちは採集した昆虫を標本として学校に提出したのである．集まった標本から，昆虫に関するさまざまな情報を得ることができる．たとえば，みんみん蟬だけを選び出して体長を測り，データの一覧表を作製して，去年のデータと比較してもよいだろう．

また，衆議院や参議院の議員選挙ともなると，いくつかの投票所で出口調査というものが行なわれる．新聞社やテレビ局が有権者の投票行動に関する情報を集めるのである．昆虫採集に対応させると，出口調査を受けた人々が**標本**（sample）となる．

　これらの例から分かるように，夏の林の中で捕えられたみんみん蟬にせよ，あるいは投票所の出口で捕まった人々にせよ，標本は，全体の中から選び出されたという意味で，全体を代表しているのである．

　母集団　　その全体とは，今年の夏に日本のどこかで地上に現われたみんみん蟬の全てであり，また，選挙権を行使した日本人の全員である．標本の背後に存在している，このような全体を**母集団**（population）という．上の 2 つの例では母集団を構成している蟬や人間の数が有限であるので，**有限母集団**（finite population）という．一方，硬貨投げのベルヌーイ試行を限りなく何回も行なうと，1 回 1 回の試行の結果（表あるいは裏）は無限個存在する．したがって個々の試行の結果からなる母集団は**無限母集団**（infinite population）となる．

　標本抽出　　選挙の出口調査は，標本の投票行動から母集団全体の投票結果を推し測るために行なわれる．比較的少数の標本を母集団から抜き出して，母集団に関する正しい知識を得るには，特定の年齢層や職業の人々のみを選んではいけない．可能な限り満遍なく母集団から標本を抜き出す必要がある．一般に，母集団から標本を抜き出す操作を**標本抽出**（sampling）というが，偏りのない抽出を特に**無作為抽出**（random sampling）という．

　しかし，無作為に抽出するといっても，なかなかに難しい．農村にある投票所からは農業従事者が選ばれる割合が，他の場所と比較して高いだろう．そこで，あらかじめ有権者の男女の割合，職業の従事者別の割合などを調べておき，その割合に見合った比率の人数を出口で調査するとよい．このようなやり方を**層別抽出法**といい，新聞社の世論調査でも用いられている．

　[例1]　昆虫採集で 500 匹のみんみん蟬標本が採集された．この中から 5 匹の蟬を無作為抽出したい．このみんみん蟬の標本は，すでに性別（オス，メス）の他に，地域別の層別抽出も済んでいるものとしよう．ただ，当てずっぽうに 5 匹選ぶと偏るおそれがある．そこで巻末の乱数表を使うことにする．この表には，0～9 の数字が等確率でデタラメに並んでいる（一様乱数）．そこで，表のどこからでもよいから数字を書き並べると，たとえば

$$429 \mid 026 \mid 689 \mid 246 \mid 134 \mid 014 \mid 329$$

となっている．蟬にはあらかじめ，000～499 の番号をつけておき，429 番，

026番，…，014番の蟬を抜き出せばよい．ただし，689番は499番を越えているので除外した. ▌

　標本抽出の仕方には**復元抽出**（sampling with replacement）と**非復元抽出**（sampling without replacement）とがある．標本から抽出して元に戻し，また標本として用いるやり方が復元抽出である．また，一度抽出したものを元には戻さない方法が非復元抽出である．無限母集団や大きな有限母集団では，どちらの方法を使ってもほとんど差は生じないが，小さな有限母集団では差が出る可能性が高い．したがって，用いた標本抽出法を明示しておく必要がある．

5-2　標本平均値，標本分散値，ヒストグラム

　標本平均値　　母集団から抽出された標本は蟬の集まりであったり，あるいは人間の集まりであったり，さまざまである．しかしながら，標本を構成している蟬1匹といえども，さまざまな属性をもっている．標本と化してしまった蟬の鳴き声の良し悪しはもう分からないので，たとえば体長といった特定の属性に注目する．したがって，より厳密にいえば，標本とは着目した属性（たとえば体長）を表わす数値の集まりである．

　すなわち，母集団から抽出された標本は

$$x^{(1)}, x^{(2)}, \cdots, x^{(N)} \tag{5.1}$$

という数値からなる．N は標本の**大きさ**（size）である．

　［例1］　A大学の「力学」の試験の点数は $N=28$ 人に対して

$$x^{(1)} = 51, \quad x^{(2)} = 48, \quad x^{(3)} = 84, \quad x^{(4)} = 51, \quad x^{(5)} = 74,$$
$$x^{(6)} = 59, \quad x^{(7)} - 28, \quad x^{(8)} = 65, \quad x^{(9)} = 51, \quad x^{(10)} = 54,$$
$$x^{(11)} = 88, \quad x^{(12)} = 63, \quad x^{(13)} = 68, \quad x^{(14)} = 31, \quad x^{(15)} = 23,$$
$$x^{(16)} = 70, \quad x^{(17)} = 58, \quad x^{(18)} = 63, \quad x^{(19)} = 53, \quad x^{(20)} = 47,$$
$$x^{(21)} = 38, \quad x^{(22)} = 47, \quad x^{(23)} = 58, \quad x^{(24)} = 61, \quad x^{(25)} = 63,$$
$$x^{(26)} = 73, \quad x^{(27)} = 46, \quad x^{(28)} = 99$$

であった. ▌

　そこで，大きさ N の標本(5.1)を特徴づける数値として，まず**標本平均値**

(sample mean value)

$$\bar{x} = \frac{1}{N} \sum_{l=1}^{N} x^{(l)} \tag{5.2}$$

を導入する.(5.2)は小学生の昔から馴染み深い,標本の算術平均値である.

次に(5.1)のそれぞれの値が,標本平均値(5.2)の回りにばらつく,その尺度として,

$$v^2 = \frac{1}{N} \sum_{l=1}^{N} (x^{(l)} - \bar{x})^2 \tag{5.3}$$

で定義される**標本分散値**(sample variance value)を導入する.また,(5.3)の平方根 v を**標本標準偏差値**という.受験で馴染みの偏差値は,この v をさらに加工したものである.

［例2］ 点数の標本平均値と標本分散値を,例1の場合に計算すると,

$$\bar{x} = \frac{51 + 48 + 84 + \cdots + 99}{28}$$

$$\fallingdotseq 57.6$$

および,

$$v^2 = \frac{(51 - 57.6)^2 + \cdots + (99 - 57.6)^2}{28}$$

$$\fallingdotseq 287.2$$

である.これより,点数の標本標準偏差値は

$$v \fallingdotseq 16.9$$

となる. ▌

例1,例2から,A大学の「力学」の試験結果は,平均値がほぼ60点で,その回りに±20点ほどのばらつきをもって分布しているはずである.

このことを目で見るには,まず点数をグループ化して**階級**(class)に分け,その階級に属するデータ $x^{(1)}$, $x^{(2)}$, … の数(**度数**, frequency)を数えて,グラフにすればよい.ことに,これを棒グラフで表わしたものを**ヒストグラム**という.また,グラフの元になっている表を**度数分布表**という.

［例3］ 上の例1の度数分布表とヒストグラムは次のようになる(図 5-1 と

点数	0-9	10-19	20-29	30-39	40-49	50-59	60-69	70-79	80-89	90-100
人数	0	0	2	2	4	8	6	3	2	1

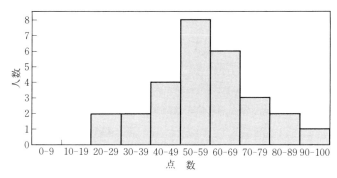

図 5-1　例 1 の度数分布表とヒストグラム

その上の分布表）．たしかに，60 点のあたりに山があるが，その上下に点が散らばっている．点数の散ばりの幅は全体として 40 点ほどで，標本標準偏差値 v の 2 倍程度である．大学の試験の合格点は 60 点が基準であるから，この例のように高得点側に分布が広がっていないと，大量の不合格者が出ることになる．∎

　この例では点数を 10 点ごとの区間（階級）に分けて，その階級に属するものの数を数えたのであった．ヒストグラムは，標本平均値と標本分散値で特徴づけられている．

　標本の分布を特徴づけるものとして，この他に**中央値**（median）がある．標本の値を大きさの順に並べたときの中央の値を指す．例 1 の場合は $N = 28$ で偶数個の標本があるので，14 番目の点数と 15 番目の点数との平均点 $(58 + 58)/2 = 58$ が中央値である．N が奇数のときは真中の点数が中央値となる．

　また，度数分布表の中で最も数の多い階級を特徴づける数値を**最頻度**（モード，mode）という．例 1 では階級 50～59 の真中の点 54.5 がモードである．

5-3 標本確率変数

標本確率変数　次に，標本抽出によって得られた(5.1)という数値の組，

$$x^{(1)}, \ x^{(2)}, \ \cdots, \ x^{(N)}$$

の意味をさらに詳しく考えてみよう．

さて，5-1節で述べたように，採集された蟬の標本は，ある夏に地上に出た全ての蟬の中の，ほんの一部にすぎない．そのような蟬たちの，体長の一覧表が(5.1)であったのだ．また，5-2節の例でみた試験結果も，全国の大学生を考えれば，その中のほんの一部のデータにすぎない．

そこで，$x^{(1)}, x^{(2)}, \cdots, x^{(N)}$ という数値の組を，大きな母集団からの標本抽出の結果だと考えることにする．すなわち，$x^{(1)}$ という数値は，$X^{(1)}$ という確率変数の実現値だと考えるのである．日本のどこかで捕まった1番目のみんみん蟬の体長が何センチかは，捕まるまでは分からず，さまざまな可能性があったのだ．硬貨投げの例のように，確率変数の実現値は，試行の結果が出るまでは表か裏か分からないのである．その意味で，1番目に捕まる蟬の体長も確率変数であり，これを $X^{(1)}$ と表わすのである．同様に，$x^{(2)}$ は2番目の確率変数 $X^{(2)}$ の実現値，$\cdots$，$x^{(N)}$ は N 番目の確率変数 $X^{(N)}$ の実現値と考えればよい．

そして，$x^{(1)}, x^{(2)}, \cdots, x^{(N)}$ は同じ母集団から抽出された標本を表わす数値の集まりであるから，N 個の確率変数

$$X^{(1)}, \ X^{(2)}, \ \cdots, \ X^{(N)} \tag{5.4}$$

は，全て同一の確率分布に従わなければならない．

[例1]　蟬の例では，1番目に捕まる蟬の体長を表わす確率変数 $X^{(1)}$ も，2番目の蟬の確率変数 $X^{(2)}$ も，$\cdots$，N 番目の蟬の確率変数 $X^{(N)}$ も，その年に地上に出た日本中の全ての蟬をメンバーとする母集団の分布に従う．▌

以上の説明で(5.4)の N 個の確率変数が同一の確率分布に従うということが了解されよう．しかしながら，(5.1)の $x^{(1)}, x^{(2)}, \cdots, x^{(N)}$ と(5.4)の $X^{(1)}, X^{(2)}$, $\cdots, X^{(N)}$ との関係，また(5.4)が同一の分布に従うということは，概念として分かりにくく，混乱も多いので，図を混じえながらの説明を加えておく．

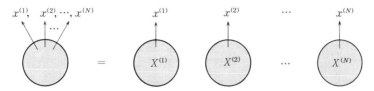

図5-2 (5.1)という標本抽出＝(5.4)が(5.1)を実現値としてとること，の説明図

　図5-2の等号の左側には，◯で表わされた母集団からの標本抽出によって，(5.1)というN個の数値が得られた様子が示してある．右側には，その1つ1つが左側の母集団を表わす確率変数と全く同一の確率分布に従うN個の確率変数が描かれている．

　［例2］　図5-2の左側の母集団の構造を明らかにするには，体長何センチの蟬が何匹いる，ということを日本全国にわたって調べ尽くせばよい．このような全数調査は原理的には可能である．調査の結果，確率分布が定まり，その確率分布と同一の分布に従う確率変数をN個用意するのである．▮

　ここでは基本的な考え方を説明しているので，実際上の手続と混同しないように注意しよう．実際上は日本中の蟬の全数調査は不可能だし，そもそも全数調査ができてしまえば，少数の標本を抽出して全体を推し測る必要などないのだから．

　さらにまた，全数調査は困難なので，通常，母集団の分布は仮定されることが多い．たとえば図5-2の左側の母集団は正規分布であるとする．そうであれば，右側の$X^{(1)}, X^{(2)}, \cdots, X^{(N)}$は，左辺と同じ正規分布に従う独立な確率変数となる．

　そこで図5-2に戻ると，左辺の母集団から$x^{(1)}, x^{(2)}, \cdots, x^{(N)}$という標本を抽出することと，同一の確率分布に従う$N$個の独立な確率変数$X^{(1)}, X^{(2)}, \cdots, X^{(N)}$が，それぞれ

$$X^{(1)} = x^{(1)}, \quad X^{(2)} = x^{(2)}, \quad \cdots, \quad X^{(N)} = x^{(N)} \tag{5.5}$$

という実現値をとることとが，同等だと考えられる．これが図の中の等号の意味である．また，図の等号の左側で，$x^{(1)}$を取り出した後に，母集団の構造が

取り出す前と変わってしまっては，図 5-2 の等号そのものが成り立たなくなる．本節の始めから大きな母集団を考察の対象としたのは，標本抽出によって構造が変わらないようにするためである．蟬の標本を数百～数千匹採集しても，日本全国の蟬の分布はほとんど影響を受けることはないだろう．したがって，1番目の数値 $x^{(1)}$ を得ることは，2番目以下の数値 $x^{(2)}, \cdots, x^{(N)}$ を得ることに影響を与えない．このことが図 5-2 の等号の右側では，確率変数 $X^{(1)}, X^{(2)}, \cdots,$ $X^{(N)}$ が互いに独立である，という主張の中に含まれている．

　すなわち，

　　「大きな母集団から，$x^{(1)}, x^{(2)}, \cdots, x^{(N)}$ という 1 組の数値で与えられ
　　る標本抽出を行なうことは，母集団と同じ確率的な構造をもった互い
　　に独立な確率変数が，(5.5)で与えられる実現値をとることと同等で
　　ある．また，互いに独立で同一の確率分布に従う(5.4)の 1 組を，

i.i.d.

　　(independent identically distributed)な確率変数であるという．」

　i.i.d. な確率変数(5.4)は，標本を表わす数値の組(5.1)に対応しているのだから，**標本確率変数**(sample stochastic variables)とよぶことにする．

　統計量　　標本確率変数から，(5.2)に対応して**標本平均**(sample mean)，

$$\bar{X} = \frac{1}{N} \sum_{l=1}^{N} X^{(l)} \tag{5.6}$$

を導入する．一般に，$X^{(1)}, X^{(2)}, \cdots, X^{(N)}$ で表わされる量を**統計量**(statistic)という．

　同様に(5.3)に対応する量として，**標本分散**(sample variance)，

$$V^2 = \frac{1}{N} \sum_{l=1}^{N} (X^{(l)} - \bar{X})^2 \tag{5.7}$$

も導入しておく．

　(5.6),(5.7)の右辺は確率変数 $X^{(1)}, X^{(2)}, \cdots, X^{(N)}$ で表わされているのだから，$\bar{X}$ も V^2 も確率変数であることに注意しよう．(5.2),(5.3)は数値であるから，標本平均値，標本分散値と名付けて区別してある．

　さて，図 5-2 の等号の左側は母集団を表わしているのであった．注目してい

る確率変数の母集団分布に関する期待値を**母平均**という．これを μ と書く．また，その分散を**母分散**とよび，σ^2 とかく．では，(5.6) の $\bar{X}$，(5.7) の V^2 と，μ，σ^2 との関係はどうであろうか．

まず (5.6) の期待値をとると

$$\langle \bar{X} \rangle = \frac{1}{N} \{ \langle X^{(1)} \rangle + \langle X^{(2)} \rangle + \cdots + \langle X^{(N)} \rangle \}$$

$$= \frac{1}{N} \cdot N \mu$$

$$= \mu \tag{5.8}$$

となる．ここで，$X^{(1)}, X^{(2)}, \cdots, X^{(N)}$ は母集団と同一の確率分布に従っており，

$$\langle X^{(1)} \rangle = \langle X^{(2)} \rangle = \cdots = \langle X^{(N)} \rangle = \mu \tag{5.9}$$

であることを使っている．

(5.8) はすでに (3.35) で示してある．

次に V^2 の期待値は (5.7) を使えばよいのだが，すこし計算に工夫をして，まず

$$\langle V^2 \rangle = \frac{1}{N} \sum_{l=1}^{N} \langle \{ (X^{(l)} - \mu) - (\bar{X} - \mu) \}^2 \rangle$$

$$= \frac{1}{N} \sum_{l=1}^{N} \langle (X^{(l)} - \mu)^2 \rangle + \frac{1}{N} \sum_{l=1}^{N} \langle (\bar{X} - \mu)^2 \rangle$$

$$- 2 \cdot \frac{1}{N} \sum_{l=1}^{N} \langle (X^{(l)} - \mu)(\bar{X} - \mu) \rangle \tag{5.10}$$

と変形する．(5.10) の右辺第 1 項は

$$\frac{1}{N} \sum_{l=1}^{N} \langle (X^{(l)} - \mu)^2 \rangle = \frac{1}{N} \cdot N \sigma^2$$

$$= \sigma^2 \tag{5.11}$$

となる．ここで，標本確率変数 $X^{(1)}, X^{(2)}, \cdots, X^{(N)}$ の分散は全て母分散 σ^2 に等しいことを使っている．また，(5.10) の右辺第 3 項は

$$-2 \left\langle \left(\frac{1}{N} \sum_{l=1}^{N} X^{(l)} - \frac{1}{N} \sum_{l=1}^{N} \mu \right) (\bar{X} - \mu) \right\rangle = -2 \left\langle \left(\bar{X} - \frac{1}{N} \cdot N \mu \right) (\bar{X} - \mu) \right\rangle$$

$$= -2 \langle (\bar{X} - \mu)^2 \rangle \tag{5.12}$$

のように計算される．

(5.11), (5.12)を(5.10)に入れれば，

$$\langle V^2 \rangle = \sigma^2 - \langle (\bar{X} - \mu)^2 \rangle \qquad (5.13)$$

となる．(5.13)の右辺第2項はすでに(3.36)で，$\langle (\bar{X} - \mu)^2 \rangle = \sigma^2/N$ と求めてあるので，結局，

$$\langle V^2 \rangle = \left(1 - \frac{1}{N} \right) \sigma^2$$
$$= \frac{N-1}{N} \sigma^2 \qquad (5.14)$$

を得た．すなわち，標本分散 V^2 の期待値は母分散 σ^2 に一致しないのである．

(5.14)が語っているのは，V^2 の期待値は常に σ^2 より小さくなる，という偏りを有するということである．もしできることならば，このような偏りは無くしておきたい．そこで，

$$S^2 = \frac{N}{N-1} V^2$$
$$= \frac{1}{N-1} \sum_{l=1}^{N} (X^{(l)} - \bar{X})^2 \qquad (5.15)$$

という量を考えると，(5.14)から

$$\langle S^2 \rangle = \sigma^2 \qquad (5.16)$$

を得る．期待値が母分散に等しく偏りがないので，S^2 を**不偏分散**という．偏りのない平均(5.6)や不偏分散(5.15)は，以下の推定，検定の問題を扱う際に重要な役割を演ずる．

ここで混乱の生じないように，もう1つ注意を加えておく．(5.6)で定義される標本平均 $\bar{X}$ 自身の，$\langle \bar{X} \rangle$ からのばらつきの度合を表わす量は(3.36)の表式，

$$\langle (\bar{X} - \langle \bar{X} \rangle)^2 \rangle = \frac{\sigma^2}{N} \qquad (5.17)$$

で与えられる．(5.17)は，(5.14)の $\langle V^2 \rangle$ や(5.16)の $\langle S^2 \rangle$ とは違うのである．

［例3］ 母集団の確率分布がポアソン分布(2.22)で $\mu = 1$ としたものであるとする．この母集団から50個の標本抽出を行なうと，(2.23), (5.8)から

$$\langle \bar{X} \rangle = \frac{1}{N} \sum_{l=1}^{N} \langle X^{(l)} \rangle = \frac{1}{N} \cdot N\mu$$

$$= \mu = 1$$

となる．また，ポアソン分布の分散 σ^2 は(2.24)から μ であるから，(5.17)は

$$\langle (\bar{X} - \langle \bar{X} \rangle)^2 \rangle = \langle (\bar{X} - \mu)^2 \rangle = \frac{\sigma^2}{N}$$

$$= \frac{\mu}{50} = \frac{1}{50}$$

$$= 0.02$$

である．さらに標本分散の期待値と不偏分散の期待値は，それぞれ(5.14)と
(5.16)から，

$$\langle V^2 \rangle = \frac{49}{50} \times 1$$

$$= 0.98$$

および

$$\langle S^2 \rangle = 1$$

となる．▌

　ここまでに多くの「…平均」，「…平均値」，「…分散」，「…分散値」などが登
場して，頭の中がゴチャゴチャになった人がいるかもしれない．最もすっきり
した命名法は次のようなものだろう．

(i)　確率変数には，「…平均」，「…分散」といったよび方をする．たとえば，
　　標本平均 $\bar{X}$, (5.6)，とか，標本分散 V^2, (5.7)，がそうである．

(ii)　そして，$\langle \bar{X} \rangle$ や $\langle V^2 \rangle$ をそれぞれ，「$\bar{X}$ の期待値」，「V^2 の期待値」と
　　よぶ．

(iii)　標本抽出して得られた数値に対しては，「標本平均値 $\bar{x}$」，「標本分散
　　値 v^2」と名づける．

　ところが，現実には(i)～(iii)のようにはなっていない．本書でも，$\langle X \rangle$ を
X の平均とか期待値とよび，$\langle (X - \langle X \rangle)^2 \rangle$ を X の分散とよんでいる．(2.2)
および(2.7)を参照せよ．時には $\langle X \rangle$ を，X の平均値とよんでいることもある．
慣習的なよび方に従っているわけだが，前章までなら特に混乱は生じない．と

ころが本章では, (5.2)の $\bar{x}$ と(5.6)の $\bar{X}$, (5.3)の v^2 と(5.7)の V^2 を同じ名前でよぶことはできないので, (i)～(iii)のように区別して名をつけたのである.

5-4 推 定

推定　標本抽出によって得られた数値データ, $x^{(1)}, x^{(2)}, \cdots, x^{(N)}$ をもとにして, 母集団についての情報を得る操作を**統計的推定**(statistical estimation)あるいは単に**推定**という. 比較的少数のデータをもとに母集団を推測するのだから, 前もって母集団に関する何らかの仮定が必要となる場合が多い. そこで, 母集団の確率分布をなるべく尤もと思えるものに仮定する. そして, その確率分布を決めている量(パラメータ)を推測するのである. このパラメータを**母数**という. 5-3節の母平均, 母分散は母数の例である.

　[例1]　母集団の分布が正規分布(1.72)に従うとき, 母数は平均 μ と分散 σ^2 である. また, ポアソン分布(1.58)に従うならば, 母数は平均 μ である.

　たとえば正規分布では μ と σ^2 という2つのパラメータを決めることができれば母集団が特定できてしまう. このように前もって母集団分布を仮定し, 標本抽出によって得たデータを μ, σ^2 といった分布を特徴づけるパラメータ(母数)の決定に用いるやり方を, **パラメトリックモデル**(parametric model)による推定法という. これに対して, 母集団の確率分布を前もって仮定しないやり方を, ノンパラメトリックモデルによる推定法という.

　本書では専ら前者の推定法をとり挙げる.

　点推定　母集団の確率分布を特徴づける母数を θ とかくことにする. 抽出されたデータを用いて θ をある値に決定する手続きを**点推定**(point estimation)という. 母集団から標本抽出した $x^{(1)}, x^{(2)}, \cdots, x^{(N)}$ を使って θ を求めるには, 次のようにすればよい.

　まず, 母数 θ に対応する確率変数 Θ を探してくる. たとえば, 平均 μ に対応する確率変数としては, (5.6)の標本平均 $\bar{X}$ が Θ となる. $\bar{X}$ が $X^{(1)}, X^{(2)}, \cdots, X^{(N)}$ で表わされていることからも分かるように, 一般に

$$\Theta = \Theta(X^{(1)}, X^{(2)}, \cdots, X^{(N)}) \tag{5.18}$$

である．ここで，Θ を**統計推定量**（statistical estimator）あるいは単純に**推定量**（estimator）とよぶ．

　［例2］　母集団が正規分布 $N(\mu, \sigma^2)$ であるとする．このとき，確率分布を特徴づけるパラメータ（母数）θ は，μ と σ^2 である．μ の推定量としては(5.6)の標本平均 $\bar{X}$ を，また σ^2 の推定量としては(5.15)の不偏分散 S^2 を用いるとよい．■

　母数 θ の推定量としては

$$\langle \Theta \rangle = \theta \tag{5.19}$$

となるものを選ぶのが自然であろう．(5.19)を満たす Θ を**不偏推定量**（unbiased estimator）という．「偏り」に関しては，(5.14), (5.15)の説明を参照のこと．

　上の例2で，Θ として $\bar{X}, S^2$ を選んだのは，これらの量がともに不偏推定量となっているからである．

　例題5-1　5-2節の例1のデータをもとに，全国の大学生の平均点と分散を推定せよ．ただし，母集団分布は正規分布と仮定することにしよう．第3章の中心極限定理から，人数が多くなれば正規分布が期待されるからである．

　［解］　5-2節の例2から，点数の標本平均値は，

$$\bar{x} = 57.6$$

であり，標本分散値は

$$v^2 = 287.2$$

である．

　一方，μ と σ^2 の不偏推定量の期待値は，(5.8), (5.14), (5.16)から，それぞれ

$$\langle \bar{X} \rangle = \mu$$

$$\langle S^2 \rangle = \frac{N}{N-1} \langle V^2 \rangle$$

$$= \sigma^2$$

となっている.

　抽出された標本のデータから計算された $\bar{x}, v^2$ を，それぞれ $\langle\bar{X}\rangle, \langle V^2\rangle$ とみなすことにしよう. そうすると，$N=28$ であるから，母集団の平均点および分散として，

$$\mu = 57.6$$

$$\sigma^2 = \frac{28}{28-1}\times 287.2$$

$$= 297.8$$

を得る. また，母集団の標準偏差は $\sigma=17.3$ 点となる. ∎

　この例題を見ても分かるように，標本抽出によって得られたデータから求めた $\bar{x}, v^2$ は，母数 μ, σ^2 に直接つながっているわけではなく，

$$\bar{x} \to \langle\bar{X}\rangle = \mu$$

$$\frac{N}{N-1}\cdot v^2 \to \frac{N}{N-1}\langle V^2\rangle = \langle S^2\rangle = \sigma^2 \tag{5.20}$$

という手続を経て推定が行なわれたのである. 上の → は，"対応させる"，"みなす" という意味である. データをもとに計算できるのは $\bar{x}$ や v^2 であり，$\langle\bar{X}\rangle$ や $\langle V^2\rangle$ ではないのだから，これは止むを得ない.

　だが，データと母数を直接結びつける方法がある. 次にこれを述べよう.

最尤法　母集団の確率密度を $W(x)$ とし，母数が θ であることを明示するために，記法を変えて

$$W(x) = W(x, \theta) \tag{5.21}$$

とかくことにしよう. 変数が離散的な実現値を有する場合は，確率密度に代えて確率関数 $W_j (=W_{x_j})$ を用いればよい.

　ここで，図5-2の等号の左側を，確率変数の実現値が1回目の抽出では $x^{(1)}$ であり，かつ2回目の抽出では $x^{(2)}$ であり，…，かつ N 回目の抽出では $x^{(N)}$ である事象の生起確率を表わす，と読むことにする. 一方，図の右側は，確率変数 $X^{(1)}$ が実現値 $x^{(1)}$ をとり，かつ $X^{(2)}$ が $x^{(2)}$ をとり，…，かつ $X^{(N)}$ が $x^{(N)}$ をとる，結合確率密度を表わしていると，考えることができる. そして，$X^{(1)}, X^{(2)}, \cdots, X^{(N)}$ が互いに独立，かつ同一の確率分布に従うのであるから，

(3.26)を一般化した

$$W(x^{(1)}; x^{(2)}; \cdots; x^{(N)}) = W(x^{(1)}, \theta) W(x^{(2)}, \theta) \cdots W(x^{(N)}, \theta)$$

$$\equiv L(\theta) \tag{5.22}$$

が成り立つ. ここで, (5.21)の記法を使っている.

すなわち(5.22)は, 同一の大きな母集団から, 無作為抽出によって標本の値 $x^{(1)}, x^{(2)}, \cdots, x^{(N)}$ を得る確率を表わす. これを $L(\theta)$ とかいて, **尤度関数**(likelihood function)という. 以下では, L の θ 依存性が重要なので $L(\theta)$ とかいている.

確率の大きな事象ほど起こりやすいのだから, 母数 θ の値は $L(\theta)$ が最大となるように決めるのが, 最も尤もらしいだろう. $L(\theta)$ を最大とする代りに, **対数尤度**

$$l(\theta) \equiv \ln L(\theta)$$

$$= \sum_{l=1}^{N} \ln W(x^{(l)}, \theta) \tag{5.23}$$

を最大にしてもよい. この論法は1-6節で2項分布から正規分布を導く際にも使っている.

$L(\theta)$ あるいは $l(\theta)$ が最大になるように母数 θ を求めるやり方を**最尤法**(maximum likelihood method)という. また, $L(\theta)$ あるいは $l(\theta)$ を最大とするような θ の値を $\hat{\theta}$ とかいて**最尤推定値**(maximum likelihood estimate)という. すなわち,

$$L(\hat{\theta}) = L(\theta) \text{ の最大値}$$

あるいは

$$l(\hat{\theta}) = l(\theta) \text{ の最大値} \tag{5.24}$$

である.

$L(\theta)$ あるいは $l(\theta)$ を最大にする θ を探すには

$$\frac{dl(\theta)}{d\theta} = 0 \tag{5.25}$$

の解を, $\theta = \hat{\theta}$ とすればよい. 条件(5.25)は $l(\theta)$ の極値を与える条件であるから, 必ずしも $l(\theta)$ を最大にする条件とはいえない. しかし, 現実的な扱いで

は，ほとんどの $W(x,\theta)$ に対して(5.25)の解は(5.24)を満足している．したがって，(5.25)を，$\hat{\theta}$ を定める式と認め，**尤度方程式**とよぶことにする．

次の例題にみるように，母数が2個以上存在するときには，それぞれの母数に対して(5.25)を偏微分の式とすればよい．

例題 5-2 母集団は正規分布 $N(\mu,\sigma^2)$ に従うとする．母集団分布の最尤推定値 $\hat{\mu},\hat{\sigma}^2$ を求めよ．

［解］ $N(\mu,\sigma^2)$ の確率密度は(1.72)から

$$W(x,\theta) = \frac{1}{\sqrt{2\pi\sigma^2}}e^{-(x-\mu)^2/2\sigma^2}$$

である．したがって，対数尤度は(5.23)から

$$l(\theta) = \sum_{l=1}^{N} \ln W(x^{(l)},\theta)$$

$$= -\frac{1}{2\sigma^2}\sum_{l=1}^{N}(x^{(l)}-\mu)^2 - \frac{N}{2}\ln 2\pi\sigma^2 \tag{5.26}$$

となる．母数 θ は，μ と σ^2 であるから，(5.25)を偏微分に変えて

$$\frac{\partial l(\theta)}{\partial \mu} = 0 \tag{5.27}$$

および

$$\frac{\partial l(\theta)}{\partial \sigma^2} = 0 \tag{5.28}$$

が尤度方程式となる．σ ではなく，σ^2 を変数としていることに注意．

(5.26)を(5.27)に入れると，

$$-\frac{1}{2\sigma^2}\sum_{l=1}^{N}2(x^{(l)}-\mu) = 0$$

すなわち

$$\hat{\mu} = \frac{1}{N}\sum_{l=1}^{N}x^{(l)} \tag{5.29}$$

を得る．

また，(5.26),(5.28)から，

$$\frac{1}{2\sigma^4}\sum_{l=1}^{N}(x^{(l)}-\mu)^2-\frac{N}{2\sigma^2}=0$$

すなわち，

$$\hat{\sigma}^2=\frac{1}{N}\sum_{l=1}^{N}(x^{(l)}-\hat{\mu})^2 \tag{5.30}$$

となる．∎

　(5.29),(5.30)をみると分かるように，最尤法を使うと，抽出された標本の
データを使って直ちに母数の最尤推定値が計算される．(5.20)のような間接的
対応づけは要らないのである．

　また，正規母集団の場合は，平均の最尤推定値(5.29)は(5.2)の標本平均値
に等しい．すなわち，

$$\hat{\mu}=\bar{x} \tag{5.31}$$

である．また，分散の最尤推定値(5.30)は(5.3)の標本分散値に等しくなって
いて，

$$\hat{\sigma}^2=v^2 \tag{5.32}$$

が成立している．

　v^2に対応する(5.7)のV^2は，不偏推定量S^2とは異なっていた．このように，
最尤法が与える最尤推定値は，必ずしも不偏推定量の期待値には対応しない．
しかし，$N\to\infty$とともに，V^2とS^2の差はなくなるので，(5.32)の$\hat{\sigma}^2$の不偏
性は，この極限で回復すると考えられる．すなわち，

　　最尤推定値に対応する最尤推定量は，漸近的に($N\to\infty$で)不偏である

といえる．

　したがって，最尤法による母数の推定法はパラメトリックモデルに対して，
極めて強力な手段を提供している．

　区間推定　　最尤法を使うと，母集団を特徴づける母数を，ある特定の値に
推定できることは，上にみたとおりである．しかし，たとえば，"母数θの値
が1より大きく，3よりは小さい"というように，母数の存在し得る区間が推
定できればよい，という場合もある．これを**区間推定**(interval estimation)

という．だが，"確実に（100％）θの値は1から3の間にある"と言い切れることは，ほとんどないだろう．したがって区間推定は，"確率0.95（95％の確かさ）で，θは1以上，3以下である"，という形式になる．

　区間推定を行なうには，次のようにすればよい．まず，母集団から標本抽出を行なうと，$x^{(1)}, x^{(2)}, \cdots, x^{(N)}$という標本値が得られる．次に，$\alpha$を0以上1以下の数として，確率$1-\alpha$で母数$\theta$を

$$\theta_l \leqq \theta \leqq \theta_u \tag{5.33}$$

の範囲に見出すように，θ_lとθ_uを決めるのである．

　上に挙げた例では，データ，$x^{(1)}, x^{(2)}, \cdots, x^{(N)}$を用い，

$$P(\theta_l \leqq \theta \leqq \theta_u) = 1-\alpha$$
$$= 0.95 \tag{5.34}$$

となるようにθ_lとθ_uを決めると，$\theta_l=1$，$\theta_u=3$という値が得られることになる．

　ここに，$1-\alpha$を**信頼水準**（confidence level）あるいは**信頼係数**（confidence coefficient）という．また，θ_l, θ_uを**信頼限界**（confidence limit）とよび，θ_lとθ_uとではさまれた区間を**信頼区間**という．

　具体的に区間推定を行なうために，抽出した標本値に対応する確率変数

$$X^{(1)}, X^{(2)}, \cdots, X^{(N)} \tag{5.35}$$

を考えよう．ここに，$X^{(1)}$は1回目の標本抽出を行なって得られた標本値$x^{(1)}$に対応する確率変数であり，$X^{(2)}$以下も同様である．

　さて，（5.18）で導入した統計推定量Θは，（5.35）の$X^{(1)}, X^{(2)}, \cdots, X^{(N)}$で表わされていることを思い出そう．そして，母数$\theta$と推定量$\Theta$を含む確率変数の分布を考えるのである．

　何やら話が込み入ってきたので，一般論はやめて具体例をやりながら進むことにする．

　まず正規母集団を考え，（5.35）の全ての確率変数は$N(\mu, \sigma^2)$に従うとする．そして，μの推定を行なう．

　母平均μの区間推定　　母分散σ^2は既知とする．このとき，母平均μに対応する推定量は（5.6）の$\bar{X}$であり，

$$\theta \leftrightarrow \mu$$
$$\boldsymbol{\Theta} \leftrightarrow \bar{X}$$

という関係になっている.

さて,

$$\bar{X} = \frac{1}{N} \sum_{l=1}^{N} X^{(l)} \tag{5.36}$$

は正規分布 $N(\mu, \sigma^2/N)$ に従うことが, (3.75), (3.80), (3.81)によって示されている. また, (3.83)で与えられる

$$\bar{Z} = \frac{\bar{X} - \mu}{\sigma/\sqrt{N}} \tag{5.37}$$

は $N(0,1)$ に従うのであるから,

$$P(z_l < \bar{Z} < z_\mathrm{u}) = 1 - \alpha \tag{5.38}$$

を満たす $z(=\bar{Z}$ の実現値)の範囲は, 図5-3の影を付けない部分である. また, この部分の面積は $1-\alpha$ である.

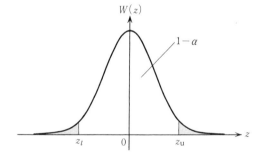

図 5-3

正規分布 $N(0,1)$ に対しては, $z_l = -z_\mathrm{u}$ であるから, (5.38)を満たす μ の範囲は

$$\bar{X} - \frac{\sigma}{\sqrt{N}} z_\mathrm{u} < \mu < \bar{X} + \frac{\sigma}{\sqrt{N}} z_\mathrm{u} \tag{5.39}$$

となる. (5.33)と比較して

$$\theta_l = \bar{X} - \frac{\sigma}{\sqrt{N}} z_\mathrm{u}, \qquad \theta_\mathrm{u} = \bar{X} + \frac{\sigma}{\sqrt{N}} z_\mathrm{u} \tag{5.40}$$

を得る.

(5.40)で標本平均 $\bar{X}$ を(5.2)の標本平均値 $\bar{x}$ で置き換えたものが，信頼限界の値となる.

例題 5-3　ある池の鯉の中から $N=13$ の抽出を行ない，体長を計ったところ，

30.5, 33.6, 26.3, 35.5, 28.7, 31.3, 27.7,

31.8, 29.9, 32.6, 26.8, 30.8, 28.3

であった(cm 単位). 池の鯉全体からなる母集団は，標準偏差 2.5 cm の正規分布をしているとして，体長の母平均を信頼水準 0.95 で区間推定せよ.

[解]　標本平均値は，

$$\bar{x} = \frac{1}{13}(30.5 + \cdots + 28.3)$$

$$= 30.3 \quad (\text{cm}) \tag{5.41}$$

である. 一方，$1-\alpha=0.95$ であるから，$\alpha=0.05$ が図 5-3 の影の部分の面積である. したがって図の $z=z_{\text{u}}$ 以上の影の面積は $\alpha/2=0.025$ となる. 巻末の附表2 より，この値に対応する z の値は

$$z_{\text{u}} = 1.96 \tag{5.42}$$

である.

(5.39)の $\bar{X}$ に(5.41)の $\bar{x}$ を用い，(5.42)を使うと，

$$30.3 - \frac{2.5}{\sqrt{13}} \times 1.96 < \mu < 30.3 + \frac{2.5}{\sqrt{13}} \times 1.96$$

すなわち，

$$28.9 < \mu < 31.7 \quad (\text{cm})$$

となる. この池の鯉の体長の平均は，95% の確かさで，この区間内にあるといえる. ∎

次に，正規母集団を考えることは同じだが，母分散 σ^2 が未知の場合に，母平均の区間推定を行なおう.

まず思いつくのは，σ が既知の場合の(5.37)に替えて，

$$\frac{\bar{X}-\mu}{S/\sqrt{N}} = \frac{\bar{X}-\mu}{\sqrt{S^2/N}} \tag{5.43}$$

を使ってはどうか，ということである．なぜなら，不偏分散 S^2 は(5.16)を満たし，母分散 σ^2 の不偏推定量となっているからである．

あるいは，(5.43)を2乗した

$$\frac{(\bar{X}-\mu)^2}{S^2/N} \tag{5.44}$$

という量も，σ が既知のときの(5.37)に代わるべき量として役立つかもしれない．

じつは，母分散 σ^2 が未知のときに，母平均 μ の区間推定を行なうという問題は，かなりやっかいなのである．そこで，順を追って進むために，カイ2乗分布，F 分布，t 分布に関する必要な知識を整理しておく．

統計分布の要約

(i)　標準正規分布 $N(0,1)$ に従う確率変数 $Z^{(1)}, Z^{(2)}, \cdots, Z^{(N)}$ から，(4.16) のように

$$Y = \sum_{l=1}^{N} (Z^{(l)})^2$$

という変数をつくると，Y は自由度 N のカイ2乗分布(4.36)に従う．このことを，記号的に

$$\chi^2(N) = Y = \sum_{l=1}^{N} (Z^{(l)})^2 \tag{5.45}$$

とかくことにする．

(ii)　正規分布 $N(\mu, \sigma^2)$ に従う変数 $X^{(1)}, X^{(2)}, \cdots, X^{(N)}$ は，(1.75)の標準化変換((3.82)も参照)

$$Z^{(l)} = \frac{X^{(l)}-\mu}{\sigma} \tag{5.46}$$

によって，$N(0,1)$ に従う $Z^{(1)}, Z^{(2)}, \cdots, Z^{(N)}$ に変換される．ゆえに(5.45) の記号を用いて

$$\chi^2(N) = \sum_{l=1}^{N} (Z^{(l)})^2$$

$$= \sum_{l=1}^{N} \left(\frac{X^{(l)} - \mu}{\sigma} \right)^2 \tag{5.47}$$

である.

(iii) $N(\mu, \sigma^2)$ に従う $X^{(1)}, X^{(2)}, \cdots, X^{(N)}$ に対して，標本平均(3.73)

$$\bar{X} = \frac{1}{N} \sum_{l=1}^{N} X^{(l)} \tag{5.48}$$

は，(3.80), (3.81)から $N(\mu, \sigma^2/N)$ に従う．ゆえに，(3.83)の標準化変換

$$\bar{Z} = \frac{\bar{X} - \mu}{\sigma/\sqrt{N}} \tag{5.49}$$

により $\bar{Z}$ は $N(0, 1)$ に，また $(\bar{Z})^2$ は自由度1のカイ2乗分布に従う．すなわち，

$$\chi^2(1) = (\bar{Z})^2$$

$$= \frac{(\bar{X} - \mu)^2}{\sigma^2/N} \tag{5.50}$$

である.

(iv) $N(\mu, \sigma^2)$ に従う $X^{(1)}, X^{(2)}, \cdots, X^{(N)}$ に対して，(5.46)の代りに

$$\frac{X^{(l)} - \bar{X}}{\sigma} \tag{5.51}$$

という変換を考える．ここに，$\bar{X}$ は標本平均(5.48)である．(5.45)の $Z^{(l)}$ は N 個の独立な確率変数であるが，(5.51)の N 個の変数のうち，じつは互いに独立なものは，$N-1$ 個しかない．なぜなら，(5.48)から

$$(X^{(1)} - \bar{X}) + (X^{(2)} - \bar{X}) + \cdots + (X^{(N)} - \bar{X}) = 0 \tag{5.52}$$

という拘束条件があるために，たとえば $(X^{(1)} - \bar{X})/\sigma$ は，他の変数で書けてしまうからである．

　ゆえに，(5.51)の2乗の和は，自由度 $N-1$ のカイ2乗分布に従う．すなわち

$$\chi^2(N-1) = (N-1)\frac{S^2}{\sigma^2}$$

$$= \sum_{l=1}^{N} \left(\frac{X^{(l)} - \bar{X}}{\sigma}\right)^2 \tag{5.53}$$

である．ここに，S^2 は(5.15)の不偏分散である．(5.53)から

$$\frac{S^2}{\sigma^2} = \frac{\chi^2(N-1)}{N-1} \tag{5.54}$$

であるから，S^2/σ^2 という量は，自由度 $N-1$ のカイ2乗分布に従う．

（v）　自由度 N のカイ2乗分布に従う確率変数を $\chi^2(N)$ とかき，同じく自由度 M に従うものを $\chi^2(M)$ とかくと，(4.49)から，

$$\frac{\chi^2(N)/N}{\chi^2(M)/M} \tag{5.55}$$

という変数は(4.67)の F 分布，$W_{Y(N,M)}(y)$ に従う．

（vi）　$N(0,1)$ に従う Z と，自由度 N のカイ2乗分布に従う $\chi^2(N)$ に対して，確率変数

$$T(N) = \frac{Z}{\sqrt{\chi^2(N)/N}} \tag{5.56}$$

をつくると，(4.78)から $T(N)$ は(4.87)の t 分布に従う．

これだけの知識を総動員しないと，母分散 σ^2 が未知な場合の，母平均 μ の区間推定ができないのだから，いささか大変である．しかし，上の(i)〜(vi)は，本章と次の章で大いに役立つのであるから，統計分布の要約として何回となく参照することになるだろう．

そこで本題に戻って，(5.43)に注目する．(5.43)を変形すると

$$\frac{\bar{X} - \mu}{S/\sqrt{N}} = \frac{\dfrac{\bar{X} - \mu}{\sigma/\sqrt{N}}}{\sqrt{S^2/\sigma^2}} \tag{5.57}$$

となるが，右辺の分子は(iii)の(5.49)の $\bar{Z}$ であり $N(0,1)$ に従う．また，分母には(iv)の(5.54)が登場している．

したがって，(5.57)は

$$\frac{\bar{X}-\mu}{S/\sqrt{N}} = \frac{\bar{Z}}{\sqrt{\chi^2(N-1)/(N-1)}} \tag{5.58}$$

となって，(5.56)で N を $N-1$ としたものと一致する．よって

$$\frac{\bar{X}-\mu}{S/\sqrt{N}} = T(N-1) \tag{5.59}$$

は，(vi)から，自由度 $N-1$ の t 分布に従うことが分かった．

　このように，母分散 σ^2 が未知なときに，母平均 μ を信頼水準 $1-\alpha$ で区間推定するには，(5.38)の代りに，

$$P(t_l < T(N-1) < t_u) = 1-\alpha \tag{5.60}$$

とすればよい．

　(5.60)を満足する μ の区間は，(5.39)の代りに

$$\bar{X}-t_u\cdot\frac{S}{\sqrt{N}} < \mu < \bar{X}+t_u\cdot\frac{S}{\sqrt{N}} \tag{5.61}$$

となる．ここで，(4.87)から t 分布が偶関数であり，$t_l=-t_u$ であることを使っている．

　実際に区間推定を行なうには，図5-4の t 分布のグラフで，与えられた α に対して t_u を巻末の附表6から探すことになる．

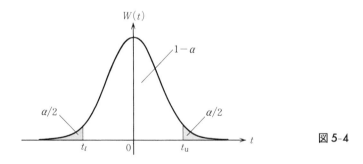

図5-4

　例題5-4　母分散が未知であるとき，例題5-3のデータに対して，鯉の体長の母平均を信頼水準 0.95 で区間推定せよ．

［解］　(5.59)の $T(N-1)$ が自由度 $N-1$ の t 分布に従う．また，$1-\alpha=$ 0.95，すなわち $\alpha=0.05$ である．さらに $N=13$ だから，$N-1=12$ である．図 5-4 の t_u の値を巻末の t 分布の表(附表6)から探すと，

$$t_u = 2.179 \tag{5.62}$$

と求まる．

　$\bar{X}$ の代りに(5.41)の $\bar{x}=30.3$ を用い，さらに S の代りに，不偏標本分散値

$$
\begin{aligned}
s^2 &= \frac{1}{N-1}\sum_{l=1}^{N}(x^{(l)}-\bar{x})^2 \\
&= \frac{1}{13-1}\{(30.5-30.3)^2+\cdots+(28.3-30.3)^2\} \\
&= \frac{1}{12}\times 88.49 \\
&= 7.374 \tag{5.63}
\end{aligned}
$$

から得られる $s=2.716$ を使うと，(5.61)から

$$30.3-2.179\times\frac{2.716}{\sqrt{13}} < \mu < 30.3+2.179\times\frac{2.716}{\sqrt{13}} \tag{5.64}$$

となる．これから，

$$28.7 < \mu < 31.9 \quad (\text{cm}) \tag{5.65}$$

が求める推定値である．■

　(5.65)を例題5-3の結果と比較すると，(5.65)の方の不確かさが，上下方向に 0.2(cm)増加している．この原因は，例題5-4では母分散が未知であるために，例題5-3に比べて情報が不足しているからである．その分，推定区間幅が増加している．

　以上は母分散が未知の場合に，(5.43)に基づいて t 分布を使い，母平均 μ の区間推定を行なったのであった．

　同じく母分散が未知の正規母集団に対して，母平均の区間推定を(5.44)に基づいて行なう方法もある．次に，この問題を考えよう．

　統計分布の要約(iii)の(5.50)および(iv)の(5.53)から，

$$Y = \frac{(\bar{X}-\mu)^2}{S^2/N} = \frac{\dfrac{(\bar{X}-\mu)^2}{\sigma^2/N}}{S^2/\sigma^2}$$

$$= \frac{\chi^2(1)/1}{\chi^2(N-1)/(N-1)} \tag{5.66}$$

となる.

ここで, (v)の(5.55)を参照すると, 確率変数 Y は F 分布 $W_{Y(1,N-1)}(y)$ に従うことが分かる. 図4-4 より, $W_{Y(1,N-1)}(y)$ の振舞いは単調減少であり, 図 5-5 のようになっている.

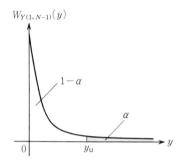

図 5-5

したがって,

$$P(y_l < Y < y_u) = 1-\alpha \tag{5.67}$$

を満足するように μ を決めるには, $y_l=0$ であるから

$$0 < \frac{(\bar{X}-\mu)^2}{S^2/N} < y_u \tag{5.68}$$

でなければいけない. (5.68)を μ について解き直して

$$\bar{X} - \sqrt{y_u/N} \cdot S < \mu < \bar{X} + \sqrt{y_u/N} \cdot S \tag{5.69}$$

となる.

例題 5-5 すぐ前の例題 5-4 を, F 分布を用いて解け.

[解] $1-\alpha=0.95$, $\alpha=0.05$ であり, $N-1=12$ である. 巻末の F 分布の表から

$$y_u = 4.75$$

を得る．(5.69)の $\bar{X}$ に(5.41)の $\bar{x}=30.3$ を，また S に(5.63)から得られた $s=2.716$ を用いると，

$$30.3-\sqrt{4.75/13}\times2.716<\mu<30.3+\sqrt{4.75/13}\times2.716$$

となる．したがって，

$$28.7<\mu<31.9 \quad (\mathrm{cm}) \tag{5.70}$$

となり，(5.65)と一致する．∎

　母分散の区間推定　次に，正規母集団の分散 σ^2 の区間推定を行なう．まず，母平均 μ が既知のとき，統計分布の要約(ii)の(5.47)から，

$$\chi^2(N)=\frac{1}{\sigma^2}\sum_{l=1}^{N}(X^{(l)}-\mu)^2 \tag{5.71}$$

は自由度 N のカイ2乗分布に従う．

　ここで

$$\mathcal{S}^2=\frac{1}{N}\sum_{l=1}^{N}(X^{(l)}-\mu)^2 \tag{5.72}$$

とかくと，

$$\langle\mathcal{S}^2\rangle=\frac{1}{N}\times N\sigma^2$$
$$=\sigma^2 \tag{5.73}$$

であるから，$\mathcal{S}^2$ も不偏分散となっている．

　そこで，(5.71)から

$$\chi^2(N)=\frac{N\mathcal{S}^2}{\sigma^2} \tag{5.74}$$

であるが，図5-6のカイ2乗分布に対して

$$P(y_l<N\mathcal{S}^2/\sigma^2<y_\mathrm{u})=1-\alpha \tag{5.75}$$

となるように y_l, y_u を定めればよい．したがって，求める母分散の区間は

$$\frac{N\mathcal{S}^2}{y_\mathrm{u}}<\sigma^2<\frac{N\mathcal{S}^2}{y_l} \tag{5.76}$$

となる．

　実際の計算上は，(5.72)で $X^{(l)}\to x^{(l)}$ としてデータを用いればよい．また，

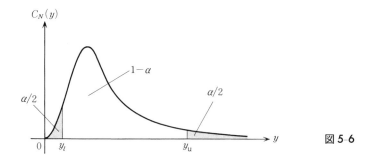

図5-6

α を与えて y_l, y_u を見つけるには巻末のカイ2乗分布の表(附表3)を使うことになる.

母平均 μ が未知のときには，統計分布の要約(iv)の(5.54)から

$$\chi^2(N-1) = \frac{(N-1)S^2}{\sigma^2} \tag{5.77}$$

が，自由度 $N-1$ のカイ2乗分布に従うことを使えばよい.

(5.77)は(5.74)に対応しており，(5.76)に代って求める区間は

$$\frac{(N-1)S^2}{y_u} < \sigma^2 < \frac{(N-1)S^2}{y_l} \tag{5.78}$$

となる.

(5.76)と(5.78)で同じ記号が使ってあるが，y_l, y_u を求めるとき(5.76)では巻末の附表3のカイ2乗分布表で自由度 N の行を引き，また(5.78)ではその行より1つ小さい行の値を使うことに注意しよう. (5.72)で定義された $\mathscr{S}^2$ と，(5.15)の S^2 との相違に注意すべきは，いうまでもないことである.

例題5-6 例題5-3のデータを用いて，母分散 σ^2 の区間推定を行なえ. ただし，信頼水準は0.95とせよ.

[解] 母平均が分からないので，(5.78)を用いる.
$N-1=12$ に対する巻末のカイ2乗分布の表より，

$$1-\frac{\alpha}{2}=0.975 \text{ の点} \rightarrow y_l$$

$$\frac{\alpha}{2} = 0.025 \text{ の点} \rightarrow y_\mathrm{u}$$

を探すと,

$$y_l = 4.40, \qquad y_\mathrm{u} = 23.34$$

である. S^2 には(5.63)の値 $s^2 = 7.374$ を用いて

$$\frac{12 \times 7.374}{23.34} < \sigma^2 < \frac{12 \times 7.374}{4.40}$$

から

$$3.8 < \sigma^2 < 20.1 \quad (\mathrm{cm}^2)$$

が求める母分散の推定区間である. ▌

　もちろん, 例題 5-3 で与えた母分散 $\sigma^2 = 2.5^2 = 6.25$ も, 不偏標本分散値 $s^2 = 7.374$ も, この区間内に入っている.

　いままでの知識を集約した, 統計分布の要約(i)~(vi)が極めて強力に働いて, 区間推定の問題を解いたことが分かるであろう. 次章では, 検定の問題を扱うことになる.

第5章演習問題

[1]　事象 A が起こる確率が p で, 起こらない確率が $1-p$ の母集団がある. すなわち, この母集団は 2 項分布 $B(1, p)$ で特徴づけられている. 全部で N 回の標本抽出を行なったところ, 事象 A が x 回起こった. p の最尤推定値を求めよ.

[2]　母集団 $B(1, p)$ に対して N 回の標本抽出を行なった. 1 回目の抽出で事象 A が起これば, 確率変数 $X^{(1)}$ は確率 p で値 1 をとり, A が起こらなければ確率 $1-p$ で値 0 をとる. 2 回目以下の抽出においても同様である. このとき

$$X(N) = X^{(1)} + X^{(2)} + \cdots + X^{(N)}$$

の分布から, 母数 p を信頼水準 $1-\alpha$ で区間推定せよ. ただし, p の値はあまり小さくはなく, かつ N は十分に大きいものとする.

[3]　サイコロを 120 回振ったところ, 1 の目が 18 回, 2 の目が 24 回出た. このサイコロ振りで, 1 または 2 の目が出る確率を 95% の信頼水準で区間推定せよ.

[4] ポアソン分布に従う母集団に対して，信頼水準 $1-\alpha$ で，平均値 μ の区間推定を行なえ．ただし，抽出された標本の数 N は十分大きいものとする．

6 検　定

母集団分布についてある仮定を立て，与えられたデータを用いて仮定の正しさ
を検証する手続きを検定という．検定の考え方は分かりにくい概念を含むので，
ていねいな説明を行なう．

仮説　「宇宙はビッグバン（およそ150億年前の大爆発）から始まった」と
いう説を聞いたことがあるだろう．学問の進展は多くの場合，人々の意表をつ
くような考え方に基づいている．しかしその**仮説**(hypothesis)が正しいか否
かは，検証されなければならない．

　ビッグバンの当否の検証は難題なので，とりあげる話題を母集団に関するも
のに限定しよう．母集団分布について前もってなされる仮定を，**統計的仮説**
(statistical hypothesis)といい，仮説が正しいかどうかを調べる作業を**統計的
検定**(test of statistical hypothesis)という．以後，簡単に**検定**(test)という．
検定とは，実際上，母集団から抽出された，大きさ N の標本の値

$$x^{(1)}, x^{(2)}, \cdots, x^{(N)} \tag{6.1}$$

をもとにして，仮説 H_0($=$hypothesis)を**棄却**(rejection)する（正しくないと
して棄てる）かどうかを判断する作業を指す．なぜ「棄却」が問題となるのか

は，もうすこし準備をしてから論じよう．

　［例1］　母集団から抽出された標本の値(6.1)に基づいて，母平均 μ がある値 μ_0 であるかどうかを判断する．∎

　この例の母平均 μ は，考察の対象である確率変数 X の期待値である．μ に限らず母分散 σ^2 の検定が必要とされることもある．さらに一般的に扱うには，X と同一の確率分布に従う N 個の確率変数

$$X^{(1)}, X^{(2)}, \cdots, X^{(N)} \tag{6.2}$$

から決まる**検定統計量**(test statistic)

$$K = K(X^{(1)}, X^{(2)}, \cdots, X^{(N)}) \tag{6.3}$$

を考えればよい．このとき，仮説 H_0 を

$$H_0: \quad \langle K \rangle = k_0 \tag{6.4}$$

とかき，その内容は「K の期待値は k_0 であると仮定する」ことである．

　［例2］　母平均 μ は，

$$\langle X^{(1)} \rangle = \langle X^{(2)} \rangle = \cdots = \langle X^{(N)} \rangle = \mu$$

であるから，(5.6)の標本平均

$$\bar{X} = \frac{1}{N} \sum_{l=1}^{N} X^{(l)} \tag{6.5}$$

に対して

$$\langle \bar{X} \rangle = \frac{1}{N} \cdot N\mu$$
$$= \mu \tag{6.6}$$

が成り立つ．

　したがって，「母平均 μ は μ_0 である」という仮説 H_0 は

$$H_0: \quad \mu(=\langle \bar{X} \rangle) = \mu_0 \tag{6.7}$$

となり，(6.5)の $\bar{X}$ が(6.3)の K に対応している．∎

　検定のアウトライン　　図6-1には，仮説 H_0 のもとにおける統計量(6.3)の確率分布が描いてある．図の影の部分 R_0 を**棄却域**といい，次のようにして定める．仮説 H_0 が成り立つとしたときの確率密度(実現値が離散的な場合は，確率関数)を

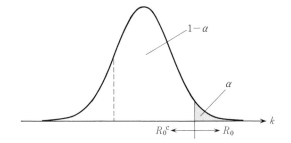

図6-1　仮説 H_0 のもとにおける統計量 K の確率分布 $W(k|H_0)$

$$W(k|H_0) \tag{6.8}$$

とかくことにする．ここで，H_0 の内容は(6.4)で与えられている．図6-1 のグラフと横軸とで囲まれた部分の面積は1，すなわち

$$\int_{-\infty}^{\infty} W(k|H_0)dk = 1 \tag{6.9}$$

である．

ここで，あらかじめ与えられた α に対して，

$$\int_{R_0} W(k|H_0)dk = \alpha \tag{6.10}$$

となるように図6-1 の領域 R_0 を定める．そして，R_0 に対応する面積 α を，**有意水準**(significance level)，あるいは**危険率**という．また，R_0 の補集合領域を R_0^c とかく．α の値は 0.05, 0.01 といった小さい値にとることが多い．

(6.10)の左辺は，(6.3)の統計量 K の実現値 k が領域 R_0 に見出される確率を表わしているから，

$$P(K \in R_0) = \alpha \tag{6.11}$$

とかいてよい．そして，この確率 α は小さな値にしてあるので，標本抽出によるデータ(6.1)を用いて計算した(6.3)の値

$$K(x^{(1)}, x^{(2)}, \cdots, x^{(N)}) \tag{6.12}$$

が領域 R_0 に入った場合には，めったに起こらない事が起きたことになる．

もし，仮説 H_0 が妥当なら，(6.12)の値が R_0 の中に入ることはほとんど有り得なかったはずである．したがって，仮説 H_0 は妥当とはいえず，棄てなけ

ればならない. 領域 R_0 の中に(6.12)の値が入ったときには仮説 R_0 を棄てる,という意味で R_0 を棄却域とよぶ. この場合には, 危険率(誤まりを犯す確率)α で,

$$\text{「仮説 } H_0 \text{ は棄却された」} \tag{6.13}$$

という明確な結論が得られる.

　では, (6.12)の値が図 6-1 の破線のように, 領域 $R_0{}^c$ に入ったときはどうであろうか. 仮説 H_0 は妥当だとして, 受け容れてよさそうに思える.

　しかし, そうはいかない. 図 6-2 には, H_0 に対するグラフの他に, 別の仮説 H_1 に対する確率分布も描いてある. なにしろ, 領域 $R_0{}^c$ は広いのだから((6.10)の α は小さな値にとってあるので), 破線のように $R_0{}^c$ の中に(6.12)の値が入ったからといって安心できない. 他の仮説 H_1 の領域 $R_1{}^c$ に入っているかもしれず, あるいはさらに別の $R_2{}^c, \cdots$ に入っているかもしれない.

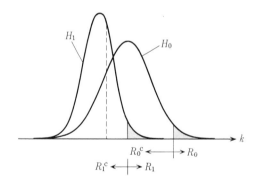

図 6-2　仮説 H_0 と H_1
　　　　に対する確率分布

　したがって, 図 6-1 の領域 $R_0{}^c$ に(6.12)の値が入ったときには,

$$\text{「仮説 } H_0 \text{ は棄却できない」} \tag{6.14}$$

と言い得るだけで, その他のことは何もいえない. 仮説 H_0 は正しいかもしれないが, 他の $H_1, H_2, \cdots$ の方が正しいかもしれず, 要するに,

　　「何にもいえない」

のである.

　この章の始めに書いてあった,

　　「検定とは, $\cdots$仮説 H_0 を**棄却**するかどうかを判断する作業を指す」

ということの意味がこれで分かったであろう.

したがって,仮説 H_0 が棄却されないときには,なんら積極的な結論を引き出すことができない.H_0 は無に帰すのみである.それゆえ,H_0 を**帰無仮説**（null hypothesis）という.

対立仮説　帰無仮説 H_0 が棄却された場合をあらかじめ想定して,H_0 とは別の仮説 H_1 を立てておくことがある.この H_1 を**対立仮説**という.

［例3］　母数 θ の検定に際して,

$$H_0: \quad \theta = \theta_0$$
$$H_1: \quad \theta = \theta_1 \quad (\theta_1 \neq \theta_0)$$

とする.▌

対立仮説として例3のように,θ に1つの値（この例では θ_1）を仮定するものを**単純仮説**という.一方多数の値をとるものを**複合仮説**という.

［例4］　母数 θ に対する帰無仮説

$$H_0: \quad \theta = \theta_0$$

の検定を,対立仮説

$$H_1: \quad \theta > \theta_0$$

あるいは,

$$H_1: \quad \theta < \theta_0$$

で行なうものを,**片側検定**という.

さらに,対立仮説として

$$H_1: \quad \theta \neq \theta_0$$

を採用したものを**両側検定**という.

これらの H_1 はすべて複合仮説である.図6-3に,それぞれの場合の H_0 の棄却域が示してある.▌

したがって,図6-1,図6-2は片側検定の場合を例示したことになる.

ところで図6-1では,帰無仮説 H_0 を棄却したときの危険率は α であった.数式では(6.10)である.何の危険かというと,

(i)　帰無仮説 H_0 が正しいにもかかわらず,これを誤まりとして棄却してしまう

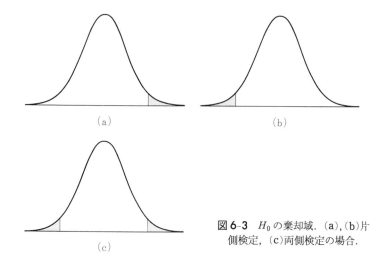

(a)

(b)

(c)

図 6-3　H_0 の棄却域．(a), (b)片側検定，(c)両側検定の場合．

ことが起こりうる．この危険の確率が(6.10)の α である．これを**第 1 種の誤まり**(error of the first kind)という．

　ところが(i)とは別の誤まりも存在する．図 6-4 には帰無仮説 H_0 と対立仮説 H_1 に対する統計量 K の確率密度が描いてある．ここで，(6.12)の値が図の矢印($\uparrow$)の位置であったとすると，R_0^c の領域であるから，帰無仮説 H_0 は棄却されない．ところが，この矢印の点は対立仮説 H_1 の領域にも入っていて，H_1 が正しいとすると，

　(ii)　H_0 が偽りであるにもかかわらず，これを棄却しない

ことによる誤まりが生じる．これを**第 2 種の誤まり**(error of the second kind)とよんで，その確率を β とかく．

　H_1 が正しいときの全確率は，

$$\int_{R_0^c} W(k\,|\,H_1)dk + \int_{R_0} W(k\,|\,H_1)dk = 1 \tag{6.15}$$

であるが，左辺第 1 項は図 6-4 の中の斜線を付けた部分の面積を表わしている．そして，第 2 種の誤まりは，H_0 を棄却しなかったことに原因があるので，H_1 が正しいときの全確率(6.15)のうち，左辺第 1 項の分を誤まって捨ててしまったのである．

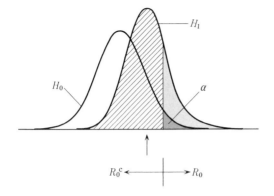

図 6-4

すなわち，第 2 種の誤まりの確率は，

$$\beta = \int_{R_0{}^c} W(k\,|\,H_1)\,dk \tag{6.16}$$

である．

6-2 母数に関する検定

まず，6-1 節の例 1，例 2 のように，母数 θ の検定を行なおう．なお，正規母集団を考察の対象とする．

母分散 σ^2 が既知の場合の母平均に対する検定　母平均に対する検定統計量は (6.5) の $\bar{X}$ である．しかし，母分散 σ^2 が既知であるので，むしろ (5.37) の

$$\bar{Z} = \frac{\bar{X} - \mu}{\sigma/\sqrt{N}}$$

$$\equiv K \tag{6.17}$$

を検定統計量に選んだ方がよい．$\bar{Z}$ は標準正規分布 $N(0,1)$ に従うから，こうしておくと巻末の表を使うことができる．

例題 6-1　ある機械の部品の中に，厚さが 25.5(mm)規格のものがある．$N=9$ の標本抽出を行なったところ

　　24.5，25.2，25.3，26.1，24.8，25.0，25.9，25.3，26.0

であった．$\sigma=0.4$ として，帰無仮説 H_0：平均=25.5 を，有意水準 0.05 として検定せよ．

　[解]　標本平均値は

$$\bar{x} = \frac{1}{9}\{24.5+\cdots+26.0\}$$

$$= 25.3444$$

$$\doteqdot 25.34$$

である．また，$\sigma=0.4$ と，(6.17)の $\bar{X}$ に上の $\bar{x}$ を用いると

$$K(x^{(1)}, x^{(2)}, \cdots, x^{(9)}) = \frac{25.34-25.5}{0.4/\sqrt{9}}$$

$$\doteqdot -1.2 \qquad (6.18)$$

となる．

　一方，帰無仮説は

$$H_0: \quad \mu = 25.5 (=\mu_0)$$

であり，対立仮説は

$$H_1: \quad \mu \neq 25.5$$

であるから両側検定となる．
図 6-5 で $\alpha=0.05$ すなわち
$\alpha/2=0.025$ の点を巻末の正
規分布表で探すと，

　　$k_\mathrm{u} = 1.96$

である．したがって

　　$k_l = -k_\mathrm{u} = -1.96$

であるから，(6.18)の値は

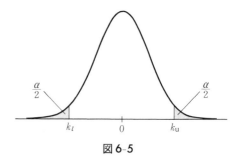

図 6-5

図の影をつけた棄却域には入らない.

抽出された標本のデータをみると, 値がバラついているが, それでも H_0 は棄却されない. ▋

母分散が未知な場合の母平均の検定   前章の統計分布の要約を用いて母分散が未知のときの問題を扱おう. 区間推定を行なうに際しては, t 分布を使う方法と F 分布を使う方法とがあった. ここでは, t 分布を用いることにする.

(5.59)から, 検定統計量

$$K = T(N-1)$$
$$= \frac{\bar{X} - \mu}{S/\sqrt{N}} \tag{6.19}$$

は, 自由度 $N-1$ の t 分布に従うことが分かっている. ここに S^2 は標本不偏分散(5.15), すなわち

$$S^2 = \frac{1}{N-1} \sum_{l=1}^{N} (X^{(l)} - \bar{X})^2 \tag{6.20}$$

である.

例題 6-2   母分散が未知のとき, 上の例題 6-1 の抽出標本データを検定せよ. ただし, $\alpha = 0.05$ である.

〔解〕 H_0 : $\mu = 25.5 (= \mu_0)$ (mm)

  H_1 : $\mu \neq 25.5$ (mm)

の検定であることに変りはない.

標本不偏分散値は,

$$s^2 = \frac{1}{9-1} \{(24.5 - \bar{x})^2 + \cdots + (26.0 - \bar{x})^2\}$$
$$\doteqdot 0.3078 \tag{6.21}$$

である. したがって,

$$s \doteqdot 0.55$$

と計算される. また

$$\bar{x} \doteqdot 25.34 \tag{6.22}$$

であったから，(6.19)より

$$K(x^{(1)}, x^{(2)}, \cdots, x^{(9)}) = \frac{25.34 - 25.5}{0.55/\sqrt{9}}$$

$$\doteqdot -0.87 \tag{6.23}$$

を得る．

t 分布の形は正規分布に似ているので，図に関しては図 6-5 を流用する．もちろん，巻末の表は $N-1=8$ の t 分布表を引いて，$\alpha/2 = 0.025$ となる点を求めると

$$k_\mathrm{u} = 2.306$$

である．したがって

$$k_l = -k_\mathrm{u} = -2.306$$

となり，(6.23)の値は k_u と k_l の間に入っている．

ゆえに H_0 は棄却されない．▌

母分散の検定　　母分散の検定には(5.15)の不偏分散 S^2 を用いればよい．第 5 章の統計分布の要約(iv)，(5.53)によれば，検定統計量

$$K = \chi^2(N-1)$$
$$= (N-1)S^2/\sigma^2$$
$$= \sum_{l=1}^{N} \left(\frac{X^{(l)} - \bar{X}}{\sigma} \right)^2 \tag{6.24}$$

は，自由度 $N-1$ のカイ 2 乗分布に従う．

例題 6-3　例題 6-1 のデータに対して，帰無仮説

$$H_0: \quad \sigma = 0.2$$

の検定を行なえ．ただし，有意水準 $\alpha = 0.05$ とする．

［解］　(6.21)から標本不偏分散値は

$$s^2 \doteqdot 0.3078$$

である．また，$N = 9$ と，(6.24)の S^2 に上の s^2 の値を用いると

$$K(x^{(1)}, x^{(2)}, \cdots, x^{(N)}) = \frac{(9-1) \times 0.3078}{(0.2)^2}$$

$$\doteqdot 61.6 \qquad (6.25)$$

である.

　一方，図4-2からカイ2乗分布は図6-6のような形をしている.

　帰無仮説 H_0 の対立仮説を

$$H_1: \quad \sigma \neq 0.2$$

とすると，両側検定を行なうことになる. 巻末の附表3より

$$k_l = 2.18, \quad k_u = 17.53$$

であるから，(6.25)の値は k_u より大きい.

　したがって，H_0 は有意水準 $\alpha = 0.05$ で棄却される. ▮

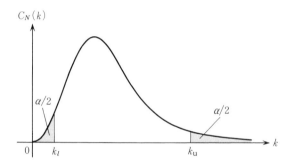

図6-6　$N \geqq 3$ のカイ2乗分布. 有意水準 α の両側検定に対する
　　　H_0 の棄却域

　2つの母集団　　ここまでは1組のデータを問題にしてきたが，2組の標本のデータがあるときに，同一の母集団から採られたものかどうかを検定したい場合がある.

　[例1]　二十世紀梨が10個ずつ2グループあるときに，これらの梨は同じ果樹園で採取されたものかどうかを検定する. ▮

　[例2]　実験用ラットが10匹ずつ，全部で20匹いる. 片方のグループには栄養剤が与えられている. 投与が効力を発揮して，体重に差が生じたかどうか（母集団を同一とみなしてよいかどうか）を検定する. ▮

　そこで，正規母集団に従う2組の互いに独立な確率変数を考えることにしよう. すなわち，それらを

$$X^{(1)}, X^{(2)}, \cdots, X^{(N)} \tag{6.26}$$

と

$$Y^{(1)}, Y^{(2)}, \cdots, Y^{(M)} \tag{6.27}$$

とする. (6.26)と(6.27)とは, 異なる2つの母集団から抽出された標本値

$$x^{(1)}, x^{(2)}, \cdots, x^{(N)} \tag{6.28}$$

$$y^{(1)}, y^{(2)}, \cdots, y^{(M)} \tag{6.29}$$

に対応する確率変数である. 図5-2で表わされる母集団が2組ある場合を考えるのである. ここで(6.26)の個々の確率変数は正規分布 $N(\mu_X, \sigma_X{}^2)$ に従い, (6.27)の方は $N(\mu_Y, \sigma_Y{}^2)$ に従うものとする. また, (6.26)と(6.27)の標本平均はそれぞれ

$$\bar{X} = \frac{1}{N} \sum_{l=1}^{N} X^{(l)} \tag{6.30}$$

$$\bar{Y} = \frac{1}{M} \sum_{l=1}^{M} Y^{(l)} \tag{6.31}$$

で与えられ, (3.80)と(3.81)から, $\bar{X}$ と $\bar{Y}$ はそれぞれ

$$N(\mu_X, \sigma_X{}^2/N) \tag{6.32}$$

と

$$N(\mu_Y, \sigma_Y{}^2/M) \tag{6.33}$$

とに従う.

母平均の差の検定　　μ_X の不偏推定量は $\bar{X}$ であり, μ_Y の不偏推定量は $\bar{Y}$ であることを用いて,

$$H_0: \quad \mu_X = \mu_Y \tag{6.34}$$

という帰無仮説の検定を行ないたい.

そこでまず, $\bar{X} - \bar{Y}$ という確率変数に対する特性関数

$$\boldsymbol{\Phi}_{\bar{X}-\bar{Y}}(\xi) = \langle e^{i\xi(\bar{X}-\bar{Y})} \rangle$$

を考えると, $\bar{X}$ と $\bar{Y}$ とは互いに独立なので

$$\boldsymbol{\Phi}_{\bar{X}-\bar{Y}}(\xi) = \langle e^{i\xi\bar{X}} \rangle \langle e^{-i\xi\bar{Y}} \rangle$$

と積に分かれる.

ここで(3.75)を使うと

$$\Phi_{\bar{X}-\bar{Y}}(\xi) = \exp\left[i\xi\langle\bar{X}\rangle_{\rm c}+\frac{1}{2}(i\xi)^2\langle(\bar{X})^2\rangle_{\rm c}\right]$$

$$\times\exp\left[-i\xi\langle\bar{Y}\rangle_{\rm c}+\frac{1}{2}(i\xi)^2\langle(\bar{Y})^2\rangle_{\rm c}\right]$$

となり,(3.80),(3.81)に注意すると

$$\Phi_{\bar{X}-\bar{Y}}(\xi) = \exp\left[i\xi(\mu_X-\mu_Y)+\frac{1}{2}(i\xi)^2\left(\frac{\sigma_X^2}{N}+\frac{\sigma_Y^2}{M}\right)\right] \tag{6.35}$$

が得られる.すなわち,

「それぞれ(6.30),(6.31)で与えられ,(6.32),(6.33)に従う $\bar{X},\bar{Y}$ に対して,その差 $\bar{X}-\bar{Y}$ は正規分布

$$N\left(\mu_X-\mu_Y,\frac{\sigma_X^2}{N}+\frac{\sigma_Y^2}{M}\right) \tag{6.36}$$

に従う」

のである.(6.36)から,<u>母分散が既知の場合</u>は,$\bar{X}-\bar{Y}$ を標準化すると,

$$K = \bar{Z}$$
$$= \frac{\bar{X}-\bar{Y}-(\mu_X-\mu_Y)}{\sqrt{\dfrac{\sigma_X^2}{N}+\dfrac{\sigma_Y^2}{M}}} \tag{6.37}$$

は $N(0,1)$ に従うことが分かった.

例題 6-4 生後間もない小動物から 10 匹をランダムに選び,そのうち 5 匹には栄養剤を混入した餌を与え,他の 5 匹は通常の餌を与えた.1 カ月後に体重を測ったところ次のような値を得た(単位はグラム).ただし,栄養剤を混ぜた餌を投与されたものを X グループ,通常のものを Y グループと名付けてある.また,各々のグループの体重の分散は分かっていて,それぞれの値は

$$\sigma_X^2 = 12.3, \qquad \sigma_Y^2 = 15.5 \tag{6.38}$$

となっている.

ここで,X グループのデータは,グラム単位で

46.1, 42.4, 51.0, 49.3, 48.1

である. 一方, Y グループのデータは

　　38.4, 41.1, 40.7, 42.2, 44.9

である.

$$\text{帰無仮説 } H_0: \quad \mu_X = \mu_Y \tag{6.39}$$

を有意水準 $\alpha=0.05$ で検定せよ.

　[解]　(6.37)に, $\mu_X=\mu_Y$, $N=M=5$, および(6.38)の値を代入すると

$$K = \frac{\bar{X} - \bar{Y}}{\sqrt{2.46+3.1}} \tag{6.40}$$

となる. ここで, $\bar{X}$ に標本平均値

$$\bar{x} = \frac{1}{5}(46.1 + \cdots + 48.1)$$
$$= 47.38$$

を用い, また $\bar{Y}$ には

$$\bar{y} = \frac{1}{5}(38.4 + \cdots + 44.9)$$
$$= 41.46$$

を用いると, (6.40)は

$$k = 2.51 \tag{6.41}$$

となる.

　帰無仮説(6.39)に対する対立仮説は

$$H_1: \quad \mu_X \neq \mu_Y$$

であるので, 両側検定を行なえばよい. 巻末の正規分布表(附表2)から $\alpha=0.05$ に対応する $\bar{z}$ の値は

$$\bar{z} = k_\mathrm{u} = 1.96$$

であり, (6.41)の値は図6-5の棄却域に入っている.

　したがって $H_0: \mu_X=\mu_Y$ は棄却され, X グループと Y グループを同一の母集団から採られたデータと考えることはできない. 栄養剤の利きめはあったのだ. ∎

次に，母分散が未知の場合を扱う．ただし，2つの母分散が等しいという条件

$$\sigma_X{}^2 = \sigma_Y{}^2 \equiv \sigma^2 \tag{6.42}$$

が成立するときを考察の対象とする．

母分散が未知の場合の扱いは(5.43)以下ですでに行なっているので，その議論を拡張すればよい．まず，(5.43)において

$$\begin{aligned}\bar{X} &\to \bar{X} - \bar{Y}\\ \mu &\to \mu_X - \mu_Y\end{aligned} \tag{6.43}$$

と置き換えればよいだろう．

また，(5.43),(6.37),(6.42)の比較から

$$\frac{\sigma_X{}^2}{N} + \frac{\sigma_Y{}^2}{M} \to S_{\bar{X}-\bar{Y}}{}^2\Big(\frac{1}{N} + \frac{1}{M}\Big) \tag{6.44}$$

とすればよいことも了解されよう．ここに $S_{\bar{X}-\bar{Y}}{}^2$ は，確率変数 $\bar{X}-\bar{Y}$ に対する標本分散で，

$$S_{\bar{X}-\bar{Y}}{}^2 = \frac{1}{N+M-2}\Big\{\sum_{l=1}^{N}(X^{(l)}-\bar{X})^2 + \sum_{l=1}^{M}(Y^{(l)}-\bar{Y})^2\Big\} \tag{6.45}$$

で与えられている．

(6.45)の分母が $N+M-2$ となっているのは，(6.30)と(6.31)とによって，自由度が $N+M$ から

$$(N-1)+(M-1) = N+M-2$$

に減っているからである．このことは，(5.52)式の前後の説明を読めば理解されよう．

(6.43),(6.44)の置き換えを(6.37)に行なうと

$$K = \frac{\bar{X} - \bar{Y} - (\mu_X - \mu_Y)}{\sqrt{\Big(\dfrac{1}{N} + \dfrac{1}{M}\Big)S_{\bar{X}-\bar{Y}}{}^2}} \tag{6.46}$$

が，母分散が未知な場合の検定統計量である．

では，(6.46)はどのような分布に従うのであろうか．(6.46)の分母と分子を，(6.42)の σ で割ると

$$K = \frac{\bar{Z}}{\sqrt{S_{\bar{X}-\bar{Y}}{}^2/\sigma^2}} \tag{6.47}$$

となる．ここで $\bar{Z}$ は(6.37)で与えられている．

また，(6.45)から得られる

$$(N+M-2)\frac{S_{\bar{X}-\bar{Y}}{}^2}{\sigma^2} = \sum_{l=1}^{N}\left(\frac{X^{(l)}-\bar{X}}{\sigma}\right)^2 + \sum_{l=1}^{M}\left(\frac{Y^{(l)}-\bar{Y}}{\sigma}\right)^2$$

$$\equiv \chi^2(N+M-2) \tag{6.48}$$

という量は，第5章の統計分布の要約(iv)の(5.53)，(5.54)において

$$N-1 \to N+M-2$$

という置き換えを行なったものになっており，自由度 $N+M-2$ のカイ2乗分布に従う．

(6.48)を用いて(6.47)を書き直すと

$$K = \frac{\bar{Z}}{\sqrt{\chi^2(N+M-2)/(N+M-2)}}$$

$$= T(N+M-2) \tag{6.49}$$

となる．ここで $\bar{Z}$ は標準正規分布 $N(0,1)$ に従うのであるから，第5章の統計分布の要約(vi)の(5.56)を参照すると，(6.49)すなわち(6.46)は自由度 $N+M-2$ の t 分布に従うことが分かった．

例題 6-5　例題 6-4 において σ_X と σ_Y が未知のときに，帰無仮説

$$H_0: \quad \mu_X = \mu_Y \tag{6.50}$$

を，有意水準 $\alpha = 0.05$ で検定せよ．ただし，$\sigma_X = \sigma_Y$ とする．

［解］　(6.50)の検定であるから，(6.46)は $N=M=5$ より

$$K = \frac{\bar{X}-\bar{Y}}{\sqrt{0.4 \times S_{\bar{X}-\bar{Y}}{}^2}}$$

である．ここで，$\bar{x}=47.38$，$\bar{y}=41.46$ という値を $\bar{X}$, $\bar{Y}$ に用い，さらに(6.45)の $S_{\bar{X}-\bar{Y}}{}^2$ に，不偏標本分散値

$$s_{\bar{X}-\bar{Y}}{}^2 = \frac{1}{N+M-2}\left\{\sum_{l=1}^{N}(x^{(l)}-\bar{x})^2 + \sum_{l=1}^{M}(y^{(l)}-\bar{y})\right\}$$

$$= \frac{1}{5+5-2}\{43.748+22.452\}$$

$$= 8.275$$

を用いると，(6.46)のとる値は

$$k = \frac{47.38-41.46}{\sqrt{0.4 \times 8.275}}$$

$$= 3.25 \tag{6.51}$$

である．(6.49)で表わされる確率変数 T が自由度 $N+M-2$ の t 分布に従うことは，すでに示してある．この例では

$$N+M-2 = 8$$

であるから，巻末の t 分布表(附表6)で $\alpha=0.05$ となる点を探すと

$$k_l = -k_u = -2.306$$

すなわち

$$k_u = 2.306 \tag{6.52}$$

である．

(6.51)の $k=3.25$ は(6.52)より大きいので，図6-5の棄却域に入っている．したがって帰無仮説 H_0 は $\alpha=0.05$ で棄却される．▮

母分散の比の検定　さて，(6.49)の表式は(6.42)という仮定のもとで得られた．しかし，2つの母集団の母分散が等しいとは限らず，ときには(6.42)という仮定を検定する必要が生じる．標本をもとに母分散を推定するには，それぞれの母集団の標本不偏分散(5.15)を用いればよいだろう．すなわち

$$S_X^2 = \frac{1}{N-1} \sum_{l=1}^{N} (X^{(l)}-\bar{X})^2 \tag{6.53}$$

および

$$S_Y^2 = \frac{1}{M-1} \sum_{l=1}^{M} (Y^{(l)}-\bar{Y})^2 \tag{6.54}$$

を使うのである．

次に，(6.53)から得られる

$$\frac{S_X{}^2}{\sigma_X{}^2} = \frac{1}{N-1} \sum_{l=1}^{N} \left(\frac{X^{(l)} - \bar{X}}{\sigma_X} \right)^2$$

$$\equiv \frac{\chi^2(N-1)}{N-1} \tag{6.55}$$

という量は，第5章の統計分布の要約(iv)の(5.53)から，自由度 $N-1$ のカイ2乗分布に従う確率変数 $\chi^2(N-1)$ で表わされている．

　同様にして

$$\frac{S_Y{}^2}{\sigma_Y{}^2} = \frac{1}{M-1} \sum_{l=1}^{M} \left(\frac{Y^{(l)} - \bar{Y}}{\sigma_Y} \right)^2$$

$$\equiv \frac{\chi^2(M-1)}{M-1} \tag{6.56}$$

は，自由度 $M-1$ のカイ2乗分布の変数 $\chi^2(M-1)$ で表わされている．

　ここで第5章の統計分布の要約(v)の(5.55)を用いると

$$K = \frac{S_X{}^2/\sigma_X{}^2}{S_Y{}^2/\sigma_Y{}^2}$$

$$= \frac{\chi^2(N-1)/(N-1)}{\chi^2(M-1)/(M-1)} \tag{6.57}$$

という検定統計量は，F 分布 $W_{Y(N-1, M-1)}(k)$ に従うことが分かる．この式を使って分散の検定を行なおう．

　例題 6-6　2つの母集団の母分散 $\sigma_X{}^2, \sigma_Y{}^2$ に対する帰無仮説

$$H_0: \quad \sigma_X{}^2 = \sigma_Y{}^2 \tag{6.58}$$

の検定を，例題6-4のデータをもとにして行なえ．ただし，有意水準 $\alpha=0.1$ とする．

　［解］　帰無仮説(6.58)のもとでは，(6.57)は

$$K = \frac{S_X{}^2}{S_Y{}^2} \tag{6.59}$$

となる．ここで，標本不偏分散値は，

$$s_X{}^2 = \frac{1}{N-1}\sum_{l=1}^{N}(x^{(l)}-\bar{x})^2$$
$$= \frac{1}{5-1}\{(46.1-\bar{x})^2+\cdots+(48.1-\bar{x})^2\}$$
$$= 10.937$$

および

$$s_Y{}^2 = \frac{1}{M-1}\sum_{l=1}^{M}(y^{(l)}-\bar{y})^2$$
$$= \frac{1}{5-1}\{(38.4-\bar{y})^2+\cdots+(44.9-\bar{y})^2\}$$
$$= 5.613$$

となる．これらの値を得る際に，$\bar{x}=47.38$，$\bar{y}=41.46$ を用いている．したがって，(6.59)は

$$k = \frac{10.937}{5.613}$$
$$\fallingdotseq 1.95 \tag{6.60}$$

という値をとる．

図 6-7 には F 分布のグラフが描いてある．巻末の F 分布の表(附表4)より

$$k_\mathrm{u} = 6.39 \tag{6.61}$$

である，また，(4.77)から

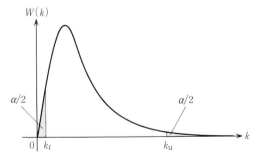

図 6-7 F 分布による両側検定

$$k_l = \frac{1}{k_u}$$

$$\doteqdot 0.157 \tag{6.62}$$

となる.

(6.60)の値は(6.61)と(6.62)の間にあり，棄却域には入らない．したがって H_0 は棄却されず，2つの分散が等しくないとは，いえない. ∎

6-3 適合度検定と独立性の検定

人間でも動物でも，それぞれの属性がいくつかに分かれることがある．たとえば猫の毛並にも，ミケ，ブチ，トラなどがある．その1つ1つをカテゴリーとよぶことにしよう．そして，ある属性を観測したところ，$A_1, A_2, \cdots, A_M$ という M 個のカテゴリーに分かれたとする．また，それぞれの観測度数は

$$x_1, x_2, \cdots, x_M \tag{6.63}$$

であった.

[例1] 猫15匹を観測したところ，A_1＝ミケ，A_2＝ブチ，A_3＝トラが，それぞれ $x_1=3$，$x_2=8$，$x_3=4$ 匹ずつであった. ∎

また，$A_1, A_2, \cdots, A_M$ というカテゴリーの出現確率は，

$$p_1, p_2, \cdots, p_M \tag{6.64}$$

であるとする．すなわち，$P(A_1)=p_1$，$\cdots$，$P(A_M)=p_M$ である．さらに，観測度数の合計を n とすれば，

$$x_1+x_2+\cdots+x_M = n \tag{6.65}$$

となっている.

一方，出現確率は(6.64)であるから，全観測度数 n のうち，$A_1, A_2, \cdots, A_M$ のそれぞれのカテゴリーが実現する理論度数は，

$$np_1, np_2, \cdots, np_M \tag{6.66}$$

である.

そこで，実際の観測に基づく観測度数(6.63)と，理論的に求めた(6.66)とが，どれだけ合っているか（適合しているか）が問題となる．この**適合性**（goodness of fit)を検証するのが，**適合度の検定**である．

まずは，準備が必要である．

多項分布　図6-8には，$A_1, A_2, \cdots, A_M$ の M 個のカテゴリーの1つ1つを小部屋になぞらえた図が描いてある．

A_1	A_2	$\cdots$	A_M
x_1	x_2	$\cdots$	x_M

図6-8　1つ1つのカテゴリーを小部屋として描いてある．

さて，全体で n 回の観測を行なったところ，各カテゴリーの観測度数は(6.63)であったという．では，与えられた $x_1, x_2, \cdots, x_M$ に対して，組分けの仕方の総数は何通りあるだろうか．

これは，n 個の粒子を M 個の小部屋に分配する仕方が何通りあるか，という問題と同じである．まず，n 個の粒子から x_1 個を取り出し小部屋 A_1 に入れる入れ方の数は組合せの数(1.40)で与えられ，

$$_nC_{x_1}$$

である．次に，残った $n - x_1$ 個の粒子の中から x_2 個を取り出し小部屋 A_2 に入れる入れ方の数は $_{n-x_1}C_{x_2}$ である．A_1 に入れる入れ方の1つ1つに対して，A_2 に入れる入れ方は $_{n-x_1}C_{x_2}$ 通り存在するのだから，小部屋 A_1 に x_1 個，A_2 に x_2 個の粒子を入れる入れ方の総数は

$$_nC_{x_1} \cdot {}_{n-x_1}C_{x_2} = \frac{n!}{x_1!(n-x_1)!} \frac{(n-x_1)!}{x_2!(n-x_1-x_2)!}$$

$$= \frac{n!}{x_1! x_2!(n-x_1-x_2)!}$$

である．

これを小部屋 A_M に x_M 個の粒子を収容するまで続けると，

$$_nC_{x_1} \cdot {}_{n-x_1}C_{x_2} \cdots {}_{n-x_1-x_2-\cdots-x_{M-1}}C_{x_M}$$

$$= \frac{n!}{x_1!(n-x_1)!} \frac{(n-x_1)!}{x_2!(n-x_1-x_2)!} \cdots \frac{(n-x_1-x_2-\cdots-x_{M-1})!}{x_M!(n-x_1-x_2-\cdots-x_M)!}$$

$$= \frac{n!}{x_1! x_2! \cdots x_M!} \tag{6.67}$$

となる．ここで，(6.65)から得られる

$$(n-x_1-x_2-\cdots-x_M)! = 0!$$
$$= 1$$

を使っている．

　小部屋 A_1 に1個の粒子が入る確率が p_1 であるから，x_1 個の粒子では $p_1{}^{x_1}$ となる．ところが，n 個の粒子のうち x_1 個が小部屋 A_1 に入る入り方は $_nC_{x_1}$ 通りあるのだから，A_1 に x_1 個を見出す確率は

$$_nC_{x_1}\cdot p_1{}^{x_1}$$

となる．同様に小部屋 A_2 に x_2 個の粒子を見出す確率は

$$_{n-x_1}C_{x_2}\cdot p_2{}^{x_2}$$

である．

　これを A_M まで繰り返すと，小部屋 $A_1, A_2, \cdots, A_M$ にそれぞれ $x_1, x_2, \cdots, x_M$ 個の粒子を見出す確率関数は，(6.67)から

$$W_{x_1, x_2, \cdots, x_M} = \frac{n!}{x_1! \, x_2! \cdots x_M!} p_1{}^{x_1} p_2{}^{x_2} \cdots p_M{}^{x_M} \tag{6.68}$$

となる．(6.68)を**多項分布**(multinomial distribution)とよぶ．$M=2$ とすれば(1.50)の2項分布 $B(n, p_1)$ に帰着する．

　ここで(6.68)の n が大きい極限を考えよう．1-6節では，(1.50)で与えられる2項分布

$$W_x = {}_nC_x p^x (1-p)^{n-x} \tag{6.69}$$

の，n の大きな極限を考察したことを思い出そう．(6.69)は，(6.68)の書き方では

$$W_{x_1, x_2} = \frac{n!}{x_1! \, x_2!} p_1{}^{x_1} p_2{}^{x_2} \tag{6.70}$$

となる．このとき

$$p_1 + p_2 = 1 \tag{6.71}$$

および(6.65)の関係式

$$x_1 + x_2 = n \tag{6.72}$$

が成立している．

(6.70)で n の大きな極限をとれば，(1.72)から

$$W(x_1) = \frac{1}{\sqrt{2\pi np_1 p_2}} \exp\left[-\frac{1}{2}\frac{(x_1-np_1)^2}{(\sqrt{np_1 p_2})^2}\right] \tag{6.73}$$

となっている．

ここで，(6.73)の指数関数の変数部分に注目しよう．この部分は，

$$\left(\frac{x_1-np_1}{\sqrt{np_1 p_2}}\right)^2 = \frac{(x_1-np_1)^2}{np_1 p_2}$$

$$= \frac{(x_1-np_1)^2}{np_1} + \frac{[(n-x_1)-np_2]^2}{np_2}$$

$$= \frac{(x_1-np_1)^2}{np_1} + \frac{(x_2-np_2)^2}{np_2} \tag{6.74}$$

のように変形される．ここで，(6.71)と(6.72)を用いている．(6.74)を用いると，(6.73)は

$$W(x_1, x_2) = \frac{1}{\sqrt{2\pi np_1 p_2}} \exp\left\{-\frac{1}{2}\left[\frac{(x_1-np_1)^2}{np_1} + \frac{(x_2-np_2)^2}{np_2}\right]\right\} \tag{6.75}$$

と書き直せる．

(6.75)は，見かけ上，2変数 x_1, x_2 の関数のようだが，(6.72)という条件によって，実際は1変数の関数である．このことは(6.73)を見れば分かるだろう．

また，実現値 x_1 に対応する確率変数を X_1 とすると，(6.73)から

$$Z = \frac{X_1-np_1}{\sqrt{np_1 p_2}} \tag{6.76}$$

という確率変数の分布は，標準正規分布 $N(0,1)$，すなわち

$$W(z) = \frac{1}{\sqrt{2\pi}}e^{-z^2/2} \tag{6.77}$$

である．したがって，(6.76)を2乗した，

$$\chi^2(1) = \left(\frac{X_1-np_1}{\sqrt{np_1 p_2}}\right)^2$$

$$= \frac{(X_1-np_1)^2}{np_1} + \frac{(X_2-np_2)^2}{np_2} \tag{6.78}$$

は，4-1節および第5章の統計分布の要約(i)の(5.45)から，自由度1のカイ2

乗分布に従う.

　ここで, 多項分布(6.68)は, 2項分布(6.70)を, 条件

$$x_1+x_2+\cdots+x_M = n \tag{6.79}$$

および

$$p_1+p_2+\cdots+p_M = 1 \tag{6.80}$$

のもとに, 多変数に拡張したものになっていることに注意すると, n が大きい
極限で

$$\chi^2(M-1) = \frac{(X_1-np_1)^2}{np_1}+\frac{(X_2-np_2)^2}{np_2}+\cdots+\frac{(X_M-np_M)^2}{np_M} \tag{6.81}$$

は, 自由度 $M-1$ のカイ2乗分布に従うことが了解されよう. したがって,
$X_1, X_2, \cdots, X_M$ の実現値である(6.63)を(6.81)に代入した値が小さいほど, 理
論度数と観測度数との差は小さくなって適合度は高くなる.

　例題6-7　メンデルによるエンドウ豆についての実験(1865年)によれば,
雑種第1代同士の掛け合わせによって, 雑種第2代では茎の長さに表のような
分離が生じた.

長茎	短茎	検査数(株)
787	277	1064

理論的な分離比は, 長茎と短茎とで3対1である.
　メンデルの得たデータの適合性を検定せよ.

　[解]　カテゴリーを, A_1=長茎, A_2=短茎とすると, $P(A_1)=p_1=3/4$,
$P(A_2)=p_2=1/4$ である. したがって帰無仮説は,

$$H_0: \quad p_1 = \frac{3}{4}, \quad p_2 = \frac{1}{4}$$

となる. また, $n=1064$ と大きな数であるから, (6.81)を用いてよい. さらに,
$M=2$ より, (6.81)は自由度 $M-1=1$ のカイ2乗分布に従う. X_1, X_2 に実現
値(観測度数)

$$x_1 = 787, \quad x_2 = 277$$

を用いると, (6.81)は

$$\chi^2(1) = \frac{(787-1064\times3/4)^2}{1064\times3/4} + \frac{(277-1064\times1/4)^2}{1064\times1/4}$$

$$= \frac{242}{399}$$

$$\fallingdotseq 0.607 \tag{6.82}$$

となる．巻末のカイ 2 乗分布の表(附表 3)で，自由度 1 のものを引くと，危険率 $\alpha=0.05$ となる χ^2 の値は

$$k_{\mathrm{u}} = 3.84 \tag{6.83}$$

である．

したがって，$\alpha=0.05$ に対して H_0 は棄却されない．∎

(6.82)と(6.83)とから

$$\chi^2(1) \ll k_{\mathrm{u}}$$

である．(6.82)の値は棄却域のはるか彼方にある．メンデルのデータは"合いすぎる"といわれている．

独立性の検定　適合性の検定では，ある 1 つの属性 A を考え，それを異なるカテゴリー，$A_1, A_2, \cdots, A_M$ に分けたのであった．ここでは，2 つの属性 A と B とを考え，それぞれのカテゴリーを

$$A_1, A_2, \cdots, A_M \tag{6.84}$$

と

$$B_1, B_2, \cdots, B_N \tag{6.85}$$

とする．

　［例 2］　メンデルのエンドウの例で，A として種子の形，B として子葉の色をとる．A は，丸としわ，B は黄と緑に分かれる．∎

　［例 3］　ある大学の試験成績の評価で，A として力学，B として英語をとり，それぞれを優，良，可とカテゴリーに分ける．∎

　ここで，(6.84)の中の 1 つのカテゴリー A_i が起こり，かつ，(6.85)の中の 1 つのカテゴリー B_j が起こるという結合確率は

$$P(A_i \cap B_j) \equiv p_{ij} \tag{6.86}$$

である．(6.86)は(1.12)で初めて登場し，事象 A_i と B_j とが互いに独立な場合

は，(1.19), (3.25)などですでに扱われている．また，確率変数に対する関係式としては，(4.56)以下で用いられている．

周辺分布(4.63)に対応するのは，

$$P(A_i) = \sum_{j=1}^{N} P(A_i \cap B_j)$$
$$= \sum_{j=1}^{N} p_{ij}$$
$$\equiv p_{i.} \tag{6.87}$$

および

$$P(B_j) = \sum_{i=1}^{M} P(A_i \cap B_j)$$
$$= \sum_{i=1}^{N} p_{ij}$$
$$\equiv p_{.j} \tag{6.88}$$

である．

さらに，A_i かつ B_j $(A_i \cap B_j)$ という事象の観測度数を表わす確率変数を

$$X_{ij} \tag{6.89}$$

とする．ここに，$i=1, 2, \cdots, M$ であり，$j=1, 2, \cdots, N$ である．また，X_{ij} の実現値を x_{ij} とかく．

［例4］　メンデルのエンドウの場合，次の表を考えると分かりやすい．

A＼B	黄(B_1)	緑(B_2)	計
丸(A_1)	x_{11}	x_{12}	$x_{1.}$
しわ(A_2)	x_{21}	x_{22}	$x_{2.}$
計	$x_{.1}$	$x_{.2}$	n

ここで

$$x_{1.} = x_{11} + x_{12}, \quad x_{2.} = x_{21} + x_{22}$$
$$x_{.1} = x_{11} + x_{21}, \quad x_{.2} = x_{12} + x_{22}$$

であり，全観測度数 n は

$$n = x_{1.} + x_{2.} = x_{.1} + x_{.2}$$

となっている.

　上の表を**分割表**という. ▌

　そこで，適合度検定のときの関係式(6.81)を

$$\chi^2(M-1) = \sum_{i=1}^{M} \frac{(X_i - np_i)^2}{np_i} \tag{6.90}$$

とかけば，カテゴリーが2つ存在するときには，

$$\chi^2(MN-1) = \sum_{i=1}^{M} \sum_{j=1}^{N} \frac{(X_{ij} - np_{ij})^2}{np_{ij}} \tag{6.91}$$

と拡張される. 全観測度数が n であるという条件

$$\sum_{i=1}^{M} \sum_{j=1}^{N} X_{ij} = n \tag{6.92}$$

があるために，(6.91)は自由度 $MN-1$ のカイ2乗分布に従うのである.

　属性 A と B とが独立であることの検定には，帰無仮説

$$H_0: \quad p_{ij} = p_{i.} \times p_{.j} \tag{6.93}$$

が棄却されるかどうかを調べればよい.

　例題6-8　メンデルのエンドウ(例4)では，雑種第2世代の観測で

$$x_{11} = 315, \quad x_{12} = 108$$
$$x_{21} = 101, \quad x_{22} = 32$$

$n = 556$ であった. 色と形という形質が独立に遺伝するかどうかを検定せよ. ただし，

$$p_{1.} = \frac{3}{4}, \quad p_{2.} = \frac{1}{4}$$

$$p_{.1} = \frac{3}{4}, \quad p_{.2} = \frac{1}{4}$$

である.

　[解]　$M=N=2$ であるから，$MN-1=3$ となっている. また，帰無仮説は

$$H_0: \quad 属性 A と B とは独立である$$

すなわち

$$H_0: \quad p_{ij} = p_{i\cdot} \times p_{\cdot j}$$

である.

したがって,

$$p_{11} = p_{1\cdot} \times p_{\cdot 1} = \frac{9}{16}, \quad p_{12} = \frac{3}{16}$$

$$p_{21} = \frac{3}{16}, \quad p_{22} = \frac{1}{16}$$

が H_0 のもとで仮定されている.

観測度数 x_{ij} を(6.91)に用い, 上の p_{ij} を使うと

$$\chi^2(3) = \frac{(315 - 556 \times 9/16)^2}{556 \times 9/16} + \frac{(108 - 556 \times 3/16)^2}{556 \times 3/16}$$

$$+ \frac{(101 - 556 \times 3/16)^2}{556 \times 3/16} + \frac{(32 - 556/16)^2}{556/16}$$

$$= 196/417$$

$$\doteqdot 0.470$$

となる.

ところで, 巻末のカイ 2 乗分布の表(附表 3)から, 危険率 $\alpha = 0.05$, 自由度 3 のときの k_u の値は

$$k_\mathrm{u} = 7.81$$

である. したがって, $\alpha = 0.05$ に対して, 属性 A と B とは独立であるという H_0 は棄却されない. ∎

(6.91)という表式は, カテゴリー A_i と B_j が実現する結合確率 p_{ij} が分かっているときに適用可能である. しかしながら, p_{ij} がつねに分かっているとは限らない. そのような場合には p_{ij} の代りに観測度数を用いることにしよう.

例 4 の分割表を一般化すると表 6-1 となる.

ここで

$$x_{\cdot 1} = \sum_{i=1}^{M} x_{i1} \qquad (6.94)$$

表 6-1　2 つの属性 A, B に対する分割表

A＼B	B_1	B_2	$\cdots$	B_N	計
A_1	x_{11}	x_{12}	$\cdots$	x_{1N}	$x_{1\cdot}$
A_2	x_{21}	x_{22}	$\cdots$	x_{2N}	$x_{2\cdot}$
$\vdots$	$\vdots$	$\vdots$	$\ddots$	$\vdots$	$\vdots$
A_M	x_{M1}	x_{M2}	$\cdots$	x_{MN}	$x_{M\cdot}$
計	$x_{\cdot 1}$	$x_{\cdot 2}$	$\cdots$	$x_{\cdot N}$	n

$$x_1. = \sum_{j=1}^{N} x_{1j} \tag{6.95}$$

などが成り立っている．また，全観測度数は

$$n = \sum_{j=1}^{N} x_{.j} = \sum_{i=1}^{M} x_{i.} \tag{6.96}$$

で与えられる．

したがって，(6.96)から

$$\sum_{i=1}^{M} \frac{x_{i.}}{n} = \sum_{j=1}^{N} \frac{x_{.j}}{n} = 1 \tag{6.97}$$

となるが，これを(6.87),(6.88)と比べると

$$p_{i.} \leftrightarrow \frac{x_{i.}}{n}, \qquad p_{.j} \leftrightarrow \frac{x_{.j}}{n} \tag{6.98}$$

という対応があるので，$p_{i.}, p_{.j}$ の代りに(6.98)の右辺の量を用いることにしよう．

さらに，属性 A と B とが互いに独立であれば(6.93)が成り立ち，このとき(6.91)に(6.98)を用いると

$$\chi^2((M-1)(N-1)) = \sum_{i=1}^{M} \sum_{j=1}^{N} \frac{(X_{ij} - x_{i.}x_{.j}/n)^2}{x_{i.}x_{.j}/n} \tag{6.99}$$

である．

(6.99)という量は自由度 $(M-1)(N-1)$ のカイ2乗分布に従うのであるが，自由度の数は次のようにして理解されよう．分割表 6-1 の1列目に注目すると，$x_{11}, x_{21}, \cdots, x_{M1}$ は確率変数 $X_{11}, X_{21}, \cdots, X_{M1}$ の実現値と考えられ，(6.81)にちょうど対応している．すなわち，分割表の1列目を適合度検定の場合の表式に対応させると分かりやすい．このとき，(6.81)の n と(6.94)の $x_{.1}$ とが対応し，(6.81)の p_j に対応するのは $x_{j.}/n$ となる．したがって，(6.81)の代りに

$$\chi_1^2(M-1) = \frac{(X_{11} - x_{.1}x_{1.}/n)^2}{x_{.1}x_{1.}/n} + \frac{(X_{21} - x_{.1}x_{2.}/n)^2}{x_{.1}x_{2.}/n} + \cdots + \frac{(X_{M1} - x_{.1}x_{M.}/n)^2}{x_{.1}x_{M.}/n}$$

となる．同じようにして2列目から $\chi_2^2(M-1)$ が得られ，以下 $\chi_N^2(M-1)$ まで続く．(6.99)は

$$\chi_1{}^2(M-1)+\chi_2{}^2(M-1)+\cdots+\chi_N{}^2(M-1) \tag{6.100}$$

であるが，自由度は N ではなくて $N-1$ となる．このことは，(6.81) の右辺の項数が M であるのに自由度が $M-1$ となっていることを思い出せば，了解されよう．

例題 6-9　p_{ij} が未知のとき，例題 6-8 を扱え．

［解］　与えられたデータから，

$$x_1. = x_{11}+x_{12} = 423$$
$$x_2. = x_{21}+x_{22} = 133$$
$$x_{\cdot 1} = x_{11}+x_{21} = 416$$
$$x_{\cdot 2} = x_{12}+x_{22} = 140$$

であり，これらの値を $n=556$ とともに (6.99) に代入し，X_{ij} に観測度数を用いると，

$$\chi^2(1) = \frac{(315-423\times416/556)^2}{423\times416/556} + \frac{(108-423\times140/556)^2}{423\times140/556}$$
$$+ \frac{(101-133\times416/556)^2}{133\times416/556} + \frac{(32-133\times140/556)^2}{133\times140/556}$$
$$\fallingdotseq 0.116$$

を得る．

自由度 $(M-1)(N-1)=1$ のカイ 2 乗分布の表で，$\alpha=0.05$ の k_{u} の値は，

$$k_{\mathrm{u}} = 3.84$$

である．したがって，棄却域ははるか彼方であり，属性 A と B とが互いに独立であるという帰無仮説 H_0 は棄却されない．∎

"はるか彼方"を見積もってみよう．$\chi^2(1)=0.116$ に対応する α の値を求めてみると（巻末の表には載っていないが），$\alpha=0.733$ となる．すなわち，H_0 を棄却すると 73% 余りの危険率を背負い込むことになり，とてもあぶなくて，H_0 を棄却できない．

第6章演習問題

[1] 硬貨投げを 100 回行なったところ，表が 64 回出た．この硬貨は正しい（ゆがみが ない）といえるか．

[2] エンドウ豆に関するメンデルのデータ（例題 6-8）は，色と形状を 1 つにすると，

丸で黄	丸で緑	しわで黄	しわで緑
315	108	101	32

と分類できる．理論的な出現確率は，この順に

$$9 : 3 : 3 : 1$$

である．

メンデルの得たデータと理論から期待される値との間の，適合性を検定せよ．

[3] フィッシャー（R. A. Fisher）によれば，チフスの予防接種を行なってその効果を 調べたところ，表のような結果を得た．発病が接種と独立かどうかを検定せよ．

A＼B	発病(B_1)	非発病(B_2)
接　種(A_1)	56	6759
非接種(A_2)	272	11396

7 情報量規準

前章までで，伝統的な「確率・統計」の内容はほぼ学び終えたことになる．本章では，比較的新しい統計学の方法を扱う．その基礎となる情報量は，真の分布と，データに基づいて構成された分布との"距離"を与える．第5章で導入した最尤法も，新たな活躍の場を与えられることになる．

7-1 最尤法再論，カルバック-ライブラー情報量

5-4節では推定を論じ，点推定の方法論として最尤法を学んだ．この方法では，データをもとに母数 θ を推定する際に，(5.22)で与えられる尤度関数 $L(\theta)$，あるいは(5.23)の対数尤度 $l(\theta)$ を最大とするように母数 θ を定め，その値 $\hat{\theta}$ を最尤推定値とよんだ．

確率 $L(\theta)$ が最も大きくなるように母数 θ を定めるのが，最も尤もらしい，というのが，その根拠であった．

しかし，何とも釈然としないではないか．もっと明確な根拠があるのなら，そのことを明らかにしたいと，誰しも考えるだろう．そこで，最尤法自身の検討から始めよう．

最尤法再論　第5章の記号をすこし変えて，確率密度を

$$W(x, \theta) \to f(x|\theta)$$

とかくことにする．したがって，(5.22),(5.23)はそれぞれ

$$L(\theta) = f(x^{(1)}|\theta)f(x^{(2)}|\theta)\cdots f(x^{(N)}|\theta) \tag{7.1}$$

および

$$l(\theta) = \ln L(\theta)$$
$$= \sum_{l=1}^{N} \ln f(x^{(l)}|\theta) \tag{7.2}$$

である．

　ここで第3章の大数の法則(3.38)，

$$P(|\bar{X}-\mu|<\varepsilon) \geqq 1-\frac{\sigma^2}{N\varepsilon^2} \tag{7.3}$$

を思い出そう．$\bar{X}$ は，

$$\bar{X} = \frac{1}{N}\sum_{l=1}^{N} X^{(l)} \tag{7.4}$$

である．大数の法則は，(7.4)という確率変数が，平均

$$\mu = \langle X^{(1)} \rangle = \langle X^{(2)} \rangle = \cdots = \langle X^{(N)} \rangle \tag{7.5}$$

をとる確率が，$N\to\infty$ とともに限りなく1に近づく，と語っている．

　このことを，確率変数 $X^{(1)}, X^{(2)}, \cdots, X^{(N)}$ の実現値 $x^{(1)}, x^{(2)}, \cdots, x^{(N)}$ の言葉でいえば，

$$\bar{x} = \frac{1}{N}\sum_{l=1}^{N} x^{(l)} \tag{7.6}$$

という値が，$N\to\infty$ とともに限りなく(7.5)の μ に近づく，ということになる．これを，

$$\bar{x} = \frac{1}{N}\sum_{l=1}^{N} x^{(l)} \xrightarrow[N\to\infty]{} \mu = \langle Z \rangle \tag{7.7}$$

と記すことにしよう．確率変数 Z は，$X^{(1)}, X^{(2)}, \cdots, X^{(N)}$ と同一の分布に従い，かつ，これらの変数とは互いに独立である(i.i.d., (5.5)以下を参照)．

　すなわち，Z の確率密度を $W(z)$ とし，z は $-\infty$ から ∞ までの値をとるとすれば，

$$\mu = \int_{-\infty}^{\infty} W(z)z\,dz \tag{7.8}$$

である．Z の実現値が離散的な場合には，(7.8)の右辺を和に変えればよい．

(7.2)に戻り，

$$\frac{l(\theta)}{N} = \frac{1}{N}\sum_{l=1}^{N} \ln f(x^{(l)}|\theta) \tag{7.9}$$

を(7.6)と比較すると，

$$x^{(l)} \leftrightarrow \ln f(x^{(l)}|\theta) \tag{7.10}$$

という対応がある．

したがって，大数の法則から，(7.7)を拡張した

$$\frac{l(\theta)}{N} \xrightarrow[N\to\infty]{} \langle \ln f(Z|\theta)\rangle \equiv I_2(\theta) \tag{7.11}$$

が成り立つ．ここで，(7.11)の期待値を I_2 とおいた．(7.11)を(7.8)の形式で
かくと

$$I_2(\theta) = \int_{-\infty}^{\infty} W(z)\ln f(z|\theta)\,dz \tag{7.12}$$

と表わされる．

最尤法で使われる $f(z|\theta)$ は，必ずしも真の確率密度 $W(z)$ とは一致しない
ことに注意しよう．得られたデータをもとに，理にかなった推論をして $f(z|\theta)$ を定めることが多いからである．すなわち，(7.12)に対応する真の値は

$$I_1 = \int_{-\infty}^{\infty} W(z)\ln W(z)\,dz$$
$$= \langle \ln W(Z)\rangle \tag{7.13}$$

である．

したがって，真の値と最尤法の $N\to\infty$ での値との差は

$$I \equiv I_1 - I_2(\theta)$$
$$= \int_{-\infty}^{\infty} W(z)\ln \frac{W(z)}{f(z|\theta)}\,dz \tag{7.14a}$$

$$= \left\langle \ln \frac{W(Z)}{f(Z|\theta)} \right\rangle \tag{7.14b}$$

$$\equiv -S$$

で与えられる.

KL 情報量　(7.14)の I は，真の分布(確率密度あるいは確率関数で表わされる)と別の分布との"距離"を表わす量であり，**カルバック-ライブラー情報量**(Kullback-Leibler's information，KL 情報量)という．また，その符号を変えた S は**ボルツマンの相対エントロピー**(Boltzmann's relative entropy)とよばれる．

KL 情報量のうち，$I_2(\theta)$ の部分が対数尤度 $l(\theta)$ と(7.11)の関係でつながっていることを忘れないようにして，前に進むことにしよう．

さて，KL 情報量 I は非負である．すなわち，

$$I \geqq 0 \tag{7.15}$$

が成り立つ.

(7.15)は次のようにして示すことができる．まず，$p \geqq 0$ に対して，

$$\ln p \leqq p - 1 \tag{7.16}$$

という不等式が成り立つ．横軸を p にとって，(7.16)の左辺と右辺の関数を描いてみれば，この不等式の成立が了解されるだろう．等号が成り立つのは，$p = 1$ のときである．

ここで，(7.14a)をすこし変形して，

$$-I = \int_{-\infty}^{\infty} W(z) \ln \frac{f(z|\theta)}{W(z)} dz \tag{7.17}$$

とし，(7.16)の p として

$$p \rightarrow \frac{f(z|\theta)}{W(z)} \tag{7.18}$$

を用いると，

$$-I \leqq \int_{-\infty}^{\infty} W(z) \left\{ \frac{f(z|\theta)}{W(z)} - 1 \right\} dz \tag{7.19}$$

となる．確率密度に対しては，

$$\int_{-\infty}^{\infty} W(z)dz = 1$$

および

$$\int_{-\infty}^{\infty} f(z|\theta)dz = 1$$

が成り立つので，(7.19)の右辺の積分はゼロとなる．

したがって，

$$I \geqq 0$$

である．等号の成り立つのは$p=1$，すなわち

$$f(z|\theta) = W(z) \tag{7.20}$$

のときである．

以上をまとめると，

「KL 情報量Iは非負の値をとり，$f(z|\theta)$が真の分布$W(z)$と一致す

るときにのみゼロとなる」

ことが分かった．

もちろん，真の分布が見つかればそれにこしたことはないが，いつもうまく見つかるとは限らない(真の分布など，そう簡単には見つからないものである)．そこで，Iをゼロにすることはできなくても，なるべくIを小さくするように未知の母数θを決めればよいだろう．(7.14)によれば，KL 情報量Iは真の分布$W(z)$と，別の分布$f(z|\theta)$との"距離"(2つの分布が，どれほど違っているかの尺度)なのであるから，非負の量Iの値をなるべく小さくしようと考えるのは，尤もなことである．

(7.14)のIのうち，I_1はデータによらない量なので，I_2を大きくするようにθを定めれば，Iは小さくなるのである．そしてこの$I_2(\theta)$（正確には$NI_2(\theta)$）が，(7.11)から分かるように，Nが大きい極限での対数尤度$l(\theta)$なのである．

したがって，

「最尤法による点推定は，KL 情報量Iを最も小さくするように(ボル

ツマンの相対エントロピーSが最大となるように)母数θを定め，真

　の分布 $W(z)$ になるべく近い $f(z|\theta)$ を探す方法である」
ことが分かった.

　情報量 I の導入によって，何やら判然としなかった最尤法の本質が明らかに
されたのである.

　そして上に述べたことは，単に最尤法を考え直すというにとどまらず，統計
学の新たな方法論発見への糸口となった.

7-2　最尤推定量の性質

前節で最尤法の本質を明らかにしたが，この節では最尤法によって得られた母
数 $\hat{\theta}$（最尤推定量）の性質を調べることにする.

　漸近正規性　　最尤推定値は，(7.2)から得られる尤度方程式

$$\frac{\partial}{\partial \theta} l(\theta) = \sum_{l=1}^{N} \frac{\partial}{\partial \theta} \ln f(x^{(l)}|\theta) = 0 \qquad (7.21)$$

を解き，$\theta = \hat{\theta}$ とおいたものである. 第5章の(5.25)を参照せよ. 以下では，
このことを

$$\frac{\partial}{\partial \hat{\theta}} l(\hat{\theta}) = \sum_{l=1}^{N} \frac{\partial}{\partial \hat{\theta}} \ln f(x^{(l)}|\hat{\theta}) = 0 \qquad (7.22)$$

とかくことにする.

　さらに，最尤法で用いた分布が，$\theta = \theta_0$ のときに，真の分布と一致するもの
としよう. すなわち，

$$f(z|\theta_0) = W(z) \qquad (7.23)$$

である. ここに，確率変数 Z は，$X^{(1)}, X^{(2)}, \cdots, X^{(N)}$ と i.i.d. である((7.7)式
の下の記述を参照せよ). したがって，θ_0 は真の母数である.

　ここで，母数の最尤推定値 $\hat{\theta}$ と真の母数 θ_0 の差は小さいとして，$\hat{\theta}$ の関数で
ある(7.22)を，θ_0 の回りで展開すると

$$\frac{\partial}{\partial \hat{\theta}} l(\hat{\theta}) = \left[\frac{\partial}{\partial \theta} l(\theta)\right]_{\theta=\theta_0} + (\hat{\theta}-\theta_0)\left[\frac{\partial^2}{\partial \theta^2} l(\theta)\right]_{\theta=\theta_0} + \cdots \qquad (7.24)$$

となる. $l(\theta)$ は(7.2)で与えられているのだから，

$$\frac{1}{N}\frac{\partial}{\partial\hat{\theta}}l(\hat{\theta}) = \frac{1}{N}\sum_{l=1}^{N}\left[\frac{\partial}{\partial\theta}\ln f(x^{(l)}|\theta)\right]_{\theta=\theta_0}$$

$$+ (\hat{\theta}-\theta_0)\frac{1}{N}\sum_{l=1}^{N}\left[\frac{\partial^2}{\partial\theta^2}\ln f(x^{(l)}|\theta)\right]_{\theta=\theta_0} + \cdots \qquad (7.25)$$

が得られる．ここで，両辺を N で割ってある．

　(7.25)の右辺第2項には，小さな量 $(\hat{\theta}-\theta_0)$ がすでに存在しているので，その係数

$$\frac{1}{N}\sum_{l=1}^{N}\left[\frac{\partial^2}{\partial\theta^2}\ln f(x^{(l)}|\theta)\right]_{\theta=\theta_0} \qquad (7.26a)$$

には，大数の法則から得られる平均量，

$$\left\langle\frac{\partial^2}{\partial\theta_0^2}\ln f(Z|\theta_0)\right\rangle \equiv -J \qquad (7.26b)$$

を用いてよい．J はフィッシャー情報量(Fisher's information)とよばれる．

　したがって(7.25)から，

$$J(\hat{\theta}-\theta_0) = \frac{1}{N}\sum_{l=1}^{N}\left[\frac{\partial}{\partial\theta}\ln f(x^{(l)}|\theta)\right]_{\theta=\theta_0} + \cdots \qquad (7.27)$$

である．ここで，(7.25)の左辺は(7.22)よりゼロであることを使っている．

　(7.27)から分かるように，$\hat{\theta}$ は $x^{(1)},x^{(2)},\cdots,x^{(N)}$ というデータで表わされている．その典型例を，第5章の例題5-2の $\hat{\mu},\hat{\sigma}^2$ の表式にみることができる．$x^{(1)},x^{(2)},\cdots,x^{(N)}$ の値は母集団からの標本抽出ごとに異なるので，(7.27)の $\hat{\theta}$ は真の母数 θ_0 の回りに，ある広がりをもって分布するだろう．

　第3章で学んだ中心極限定理によると，N が大きい極限で，多数のランダムな量を加え合わせたものは，正規分布に従うのであった．(7.27)の右辺では，

$$\left[\frac{\partial}{\partial\theta}\ln f(x^{(l)}|\theta)\right]_{\theta=\theta_0}$$

という量が加算されており，$x^{(l)}$ は標本抽出ごとにさまざまな値をとるので，中心極限定理を適用してよいだろう．

　正規分布 $N(\mu,\sigma^2)$ は，平均 μ と分散 σ^2 とで特徴づけられるのであるから，(7.27)の平均と分散が求まればよい．このときの平均操作は，標本抽出によっ

て得られるさまざまな $x^{(1)}, x^{(2)}, \cdots, x^{(N)}$ の値について行なうことになる．したがって，この平均操作は

$$\langle\!\langle \cdot \rangle\!\rangle \equiv \int_{-\infty}^{\infty} f(x^{(1)}|\theta_0)f(x^{(2)}|\theta_0)\cdots f(x^{(N)}|\theta_0) \cdot dx^{(1)}dx^{(2)}\cdots dx^{(N)} \quad (7.28)$$

とすればよい．

まず(7.27)の平均を行なうと

$$\begin{aligned}
\langle\!\langle J(\hat{\theta}-\theta_0) \rangle\!\rangle &= \frac{1}{N}\int_{-\infty}^{\infty} f(x^{(1)}|\theta_0)f(x^{(2)}|\theta_0)\cdots f(x^{(N)}|\theta_0) \\
&\quad \times \frac{\partial}{\partial\theta_0}\{\ln f(x^{(1)}|\theta_0)+\ln f(x^{(2)}|\theta_0)\cdots\ln f(x^{(N)}|\theta_0)\} \\
&\quad \times dx^{(1)}dx^{(2)}\cdots dx^{(N)} \\
&= \frac{1}{N}\sum_{l=1}^{N}\int_{-\infty}^{\infty} f(x^{(l)}|\theta_0)\frac{\partial}{\partial\theta_0}\ln f(x^{(l)}|\theta_0)dx^{(l)} \\
&= \frac{1}{N}\times N\int_{-\infty}^{\infty} f(z|\theta_0)\frac{\partial}{\partial\theta_0}\ln f(z|\theta_0)dz \quad (7.29)
\end{aligned}$$

となる．ここで，$f(x^{(l)}|\theta_0)$ の積分値が 1 であるので，たとえば，

$$\begin{aligned}
&\int_{-\infty}^{\infty} f(x^{(1)}|\theta_0)\Big\{\frac{\partial}{\partial\theta_0}\ln f(x^{(1)}|\theta_0)\Big\}dx^{(1)}\int_{-\infty}^{\infty} f(x^{(2)}|\theta_0)dx^{(2)} \\
&\cdots\int_{-\infty}^{\infty} f(x^{(N)}|\theta_0)dx^{(N)} \\
&= \int_{-\infty}^{\infty} f(x^{(1)}|\theta_0)\frac{\partial}{\partial\theta_0}\ln f(x^{(1)}|\theta_0)dx^{(1)} \quad (7.30)
\end{aligned}$$

となること，また $x^{(1)}, x^{(2)}, \cdots, x^{(N)}$，$z$ の分布は全て i.i.d. であることを使っている．

(7.29)で，θ_0 での微分を行なうと

$$\begin{aligned}
\langle\!\langle J(\hat{\theta}-\theta_0) \rangle\!\rangle &= \frac{\partial}{\partial\theta_0}\int_{-\infty}^{\infty} f(z|\theta_0)dz \\
&= \frac{\partial}{\partial\theta_0}\cdot 1 \\
&= 0 \quad (7.31)
\end{aligned}$$

となる．さらに，(7.27)の分散(2 次キュムラント)は，(7.31)から 2 次モーメ

ントに等しく（第2章の(2.56)を参照），

$$\langle\!\langle J^2(\hat{\theta}-\theta_0)^2\rangle\!\rangle = \frac{1}{N^2}\sum_{l=1}^{N}\sum_{l'=1}^{N}\int_{-\infty}^{\infty}f(x^{(1)}|\theta_0)f(x^{(2)}|\theta_0)\cdots f(x^{(N)}|\theta_0)$$

$$\times\left\{\frac{\partial}{\partial\theta_0}\ln f(x^{(l)}|\theta_0)\right\}\left\{\frac{\partial}{\partial\theta_0}\ln f(x^{(l')}|\theta_0)\right\}dx^{(1)}dx^{(2)}\cdots dx^{(N)}$$

$$(7.32)$$

を計算すればよい．

(7.32)の計算を行なうには，l' の和を $l'=l$ の部分と，$l'\neq l$ の部分とに分けるとよい．具体的な計算法は第3章の(3.23)以下と，ほとんどパラレルである．ことに(7.31)によって，(3.28)と同様に $l'\neq l$ の項はゼロとなってしまう．したがって

$$\langle\!\langle J^2(\hat{\theta}-\theta_0)^2\rangle\!\rangle = \frac{1}{N^2}\times N\int_{-\infty}^{\infty}f(z|\theta_0)\left[\frac{\partial}{\partial\theta_0}\ln f(z|\theta_0)\right]^2 dz \quad (7.33\text{a})$$

$$= \frac{1}{N}\left\langle\left[\frac{\partial}{\partial\theta_0}\ln f(Z|\theta_0)\right]^2\right\rangle \quad (7.33\text{b})$$

となる．ここで Z は実現値 z をもつ確率変数である．

次に，(7.33b)は(7.26b)のフィッシャー情報量 J に等しいことを示しておこう．(7.33a)で θ_0 の微分を行なうと，この積分は

$$\int_{-\infty}^{\infty}\frac{1}{f(z|\theta_0)}\left[\frac{\partial}{\partial\theta_0}f(z|\theta_0)\right]^2 dz \quad (7.34)$$

となる．一方，(7.26b)は

$$J = -\int_{-\infty}^{\infty}f(z|\theta_0)\frac{\partial}{\partial\theta_0}\left\{\frac{1}{f(z|\theta_0)}\frac{\partial}{\partial\theta_0}f(z|\theta_0)\right\}dz$$

$$= -\int_{-\infty}^{\infty}\frac{\partial^2}{\partial\theta_0^2}f(z|\theta_0)dz+\int_{-\infty}^{\infty}\frac{1}{f(z|\theta_0)}\left[\frac{\partial}{\partial\theta_0}f(z|\theta_0)\right]^2 dz$$

$$= -\frac{\partial^2}{\partial\theta_0^2}1+\int_{-\infty}^{\infty}\frac{1}{f(z|\theta_0)}\left[\frac{\partial}{\partial\theta_0}f(z|\theta_0)\right]^2 dz \quad (7.35)$$

となる．ここで，$f(z|\theta_0)$ を z で積分したものは1となることを使っている．(7.35)の右辺第1項はゼロとなり，(7.35)は(7.34)と一致する．

したがって，

$$J = -\left\langle \frac{\partial^2}{\partial \theta_0{}^2} \ln f(Z|\theta_0) \right\rangle$$

$$= \left\langle \left[\frac{\partial}{\partial \theta_0} \ln f(Z|\theta_0) \right]^2 \right\rangle \qquad (7.35)'$$

である.(7.35)′を(7.33)に用いると,(7.27)の分散は

$$\langle\!\langle J^2(\hat\theta - \theta_0)^2 \rangle\!\rangle = \frac{J}{N} \qquad (7.36)$$

となる.

(7.31)と(7.36)をそれぞれ,次のようにかくことにしよう.すなわち,

$$\langle\!\langle \sqrt{N}(\hat\theta - \theta_0) \rangle\!\rangle = 0 \qquad (7.37)$$

および

$$\langle\!\langle [\sqrt{N}(\hat\theta - \theta_0)]^2 \rangle\!\rangle = \frac{1}{J} \qquad (7.38)$$

である.

以上をまとめると,

「最尤推定値 $\hat\theta$ は N の大きい極限で,真の母数 θ_0 の回りに正規分布
し,$\sqrt{N}(\hat\theta - \theta_0)$ は正規分布 $N(0, 1/J)$ に従う.このとき,分布に関
する平均操作は(7.28)で与えられる」

ことになる.このことを,最尤推定量の**漸近正規性**(asymptotic normality)と
いう.

また,(7.37)と(7.38)を

$$\langle\!\langle (\hat\theta - \theta_0) \rangle\!\rangle = 0 \qquad (7.39)$$

および

$$\langle\!\langle (\hat\theta - \theta_0)^2 \rangle\!\rangle = \frac{1}{NJ} \qquad (7.40)$$

と書き替えると,$\hat\theta - \theta_0$ という量が $N(0, 1/NJ)$ に従うことが分かる.$N \to \infty$ と
ともに分散 $1/NJ$ はゼロとなり,$\hat\theta$ の分布は θ_0 に集中する.このことは,最尤
推定量の**一致性**(consistency)とよばれる.

ここで,注意深い読者は,「何か,変だ」と感じたはずである(感じなくても,

ガッカリすることはないが). その疑問を, 次の例題にまとめておこう.

例題 7-1 (7.25)から(7.27)を導く際に, (7.25)の右辺第2項の係数(7.26
a)には大数の法則を適用した. その結果, $\hat{\theta}-\theta_0$ の係数は(7.26b)となった.
しかし, (7.25)の右辺第1項も似たような項の和であるのに, なぜ大数の法則
を適用しないのか.

[解] (7.25)の右辺第1項に大数の法則を適用すると

$$\frac{1}{N}\sum_{l=1}^{N}\left[\frac{\partial}{\partial\theta}\ln f(x^{(l)}|\theta)\right]_{\theta=\theta_0}\xrightarrow[N\to\infty]{}\left\langle\frac{\partial}{\partial\theta_0}\ln f(Z|\theta_0)\right\rangle \quad (7.41)$$

が得られる. この量は

$$\begin{aligned}\left\langle\frac{\partial}{\partial\theta_0}\ln f(Z|\theta_0)\right\rangle &= \int_{-\infty}^{\infty}f(z|\theta_0)\frac{\partial}{\partial\theta_0}\ln f(z|\theta_0)dz\\&=\frac{\partial}{\partial\theta_0}\int_{-\infty}^{\infty}f(z|\theta_0)dz\\&=\frac{\partial}{\partial\theta_0}1\\&=0\end{aligned} \quad (7.42)$$

となる.

(7.41),(7.42)を(7.27)に用いると

$$J(\hat{\theta}-\theta_0)\xrightarrow[N\to\infty]{}0 \quad (7.43)$$

である. すなわち, $\hat{\theta}$ は$N\to\infty$ とともにθ_0 となり, (7.39)および(7.40)の語
っていることと同内容である.

大数の法則を(7.25)全体に適用すると, (7.43)にみるように, $N\to\infty$ で$\hat{\theta}$
の行きつく先のことは知れるが, $\hat{\theta}$ がθ_0 の回りでどれほど散らばって分布して
いるか(分布の広がり)までは分からないのである.

この点に留意して, すでにθ_0 からのずれ $(\hat{\theta}-\theta_0)$ を含む(7.25)の右辺第2
項の係数は多少粗っぽく(大数の法則を使って)求め, ずれを含まない第1項の
方はていねいに(中心極限定理を使って)評価し, (7.37)および(7.38)を得たの
である. ■

以上のことは最尤法の吟味という意味をもつが，次節以下で展開される方法の基礎にもなっている．

7-3 情報量基準 AIC

7-1節，7-2節で，最尤法の本質と性質とを明らかにしてきた．そして，これらのことは，最尤法それ自体を正しく理解する上で必要だが，それ以上の意味をもっている．すなわち，7-1節で導入された KL 情報量を基にして，最尤推定量の漸近正規性(7-2節)を使うと，統計学の新たな枠組が構築できるのである．このことが本節のテーマである．

対数尤度の振舞い　前節の(7.25)では，尤度方程式(7.22)を $\hat{\theta}-\theta_0$ が小さいとして展開した．ここでは，対数尤度(7.2)を，最尤推定値 $\hat{\theta}$ の回りで展開する．

$$l(\theta) = l(\hat{\theta})+(\theta-\hat{\theta})\frac{\partial}{\partial\hat{\theta}}l(\hat{\theta})+\frac{1}{2}(\theta-\hat{\theta})^2\frac{\partial^2}{\partial\hat{\theta}^2}l(\hat{\theta})+\cdots \qquad (7.44)$$

上式の右辺第2項は(7.22)によってゼロとなる．したがって(7.44)で $\theta=\theta_0$ とおくことにより，

$$\frac{1}{N}l(\theta_0) = \frac{1}{N}l(\hat{\theta})+\frac{1}{2N}(\theta_0-\hat{\theta})^2\frac{\partial^2}{\partial\hat{\theta}^2}l(\hat{\theta})+\cdots \qquad (7.45)$$

となる．両辺を N で割ってあるのは，後の計算を見やすくするためである．

(7.45)の右辺第2項には微小量 $(\theta_0-\hat{\theta})^2$ が存在しており，また $N\to\infty$ では(7.43)から $\hat{\theta}\to\theta_0$ となるので，

$$\frac{1}{N}\frac{\partial^2}{\partial\hat{\theta}^2}l(\hat{\theta}) \xrightarrow[N\to\infty]{} \frac{1}{N}\left[\frac{\partial^2}{\partial\theta^2}l(\theta)\right]_{\theta=\theta_0} \qquad (7.46)$$

としてよい．(7.46)の右辺は(7.26a)であり，(7.26b)から，$-J$ となる．

したがって，(7.45)は，N が大きい極限で

$$\frac{1}{N}l(\theta_0) \cong \frac{1}{N}l(\hat{\theta})-\frac{1}{2}(\theta_0-\hat{\theta})^2 J \qquad (7.47)$$

となる．(7.47)に平均操作(7.28)をほどこすと，

$$\frac{1}{N}\langle\!\langle l(\theta_0)\rangle\!\rangle \cong \frac{1}{N}\langle\!\langle l(\hat{\theta})\rangle\!\rangle - \frac{1}{2}\frac{1}{NJ}J \tag{7.48}$$

となる．ここで，(7.40)を使った．

(7.48)の左辺は，次のように計算される．すなわち，(7.2)と(7.28)とから，

$$\begin{aligned}
\frac{1}{N}\langle\!\langle l(\theta_0)\rangle\!\rangle &= \frac{1}{N}\sum_{l=1}^{N}\int_{-\infty}^{\infty} f(x^{(1)}|\theta_0)f(x^{(2)}|\theta_0)\cdots f(x^{(N)}|\theta_0) \\
&\quad \times \ln f(x^{(l)}|\theta_0)dx^{(1)}dx^{(2)}\cdots dx^{(N)} \\
&= \frac{1}{N}\times N\int_{-\infty}^{\infty} f(z|\theta_0)\ln f(z|\theta_0)dz \\
&= \langle \ln f(Z|\theta_0)\rangle \\
&= I_2(\theta_0) \tag{7.49}
\end{aligned}$$

となる．したがって，(7.48)から

$$I_2(\theta_0) \cong \frac{1}{N}\left\{\langle\!\langle l(\hat{\theta})\rangle\!\rangle - \frac{1}{2}\right\} \tag{7.50}$$

という表式を得た．

7-1節によれば，KL 情報量 I を最小にする θ を探すのであった．$x^{(1)}, x^{(2)},$ $\cdots, x^{(N)}$ というデータから直接計算できる量は $I_2(\hat{\theta})$ であるから，次にこの量を求めて(7.50)との関連を探ることにしよう．

$I_2(\hat{\theta})$ の振舞い　　KL 情報量を構成している I_1 と $I_2(\theta)$ のうち，$x^{(1)}, x^{(2)},$ $\cdots, x^{(N)}$ というデータとともに変化するのは，(7.11)あるいは(7.12)で与えられる $I_2(\theta)$ である．データを使って直接計算可能な $\hat{\theta}$ から $I_2(\hat{\theta})$ が得られるが，これを θ_0 の回りで展開すると，

$$I_2(\hat{\theta}) = I_2(\theta_0) + (\hat{\theta}-\theta_0)\left[\frac{\partial}{\partial\theta}I_2(\theta)\right]_{\theta=\theta_0} + \frac{1}{2}(\hat{\theta}-\theta_0)^2\left[\frac{\partial^2}{\partial\theta^2}I_2(\theta)\right]_{\theta=\theta_0} + \cdots \tag{7.51}$$

となる．

(7.14)から分かるように，$I_2(\theta)$ を最大にする θ の値は真の値 θ_0 であり，このとき(7.23)が成り立つ．すなわち，

$$I_2(\theta_0) = I_1$$

となるので，KL 情報量 I は不等式(7.15)の下限ゼロをとる．このことを式で
かくと，θ_0 は

$$\left[\frac{\partial}{\partial \theta}I_2(\theta)\right]_{\theta=\theta_0} = 0 \tag{7.52}$$

を満たすのである．

　ここで，$\hat{\theta}$ の方は尤度方程式(7.22)から決まるので，一般的にはもちろん $\hat{\theta}$
$\neq\theta_0$ である．$N\to\infty$ の極限においてのみ，$\hat{\theta}\to\theta_0$ となることに注意しよう．

　さて，(7.51)の右辺第 3 項の係数は，(7.12)と(7.23)から

$$\begin{aligned}
\left[\frac{\partial^2}{\partial\theta^2}I_2(\theta)\right]_{\theta=\theta_0} &= \left[\int_{-\infty}^{\infty}f(z\,|\,\theta_0)\frac{\partial^2}{\partial\theta^2}\ln f(z\,|\,\theta)dz\right]_{\theta=\theta_0} \\
&= \int_{-\infty}^{\infty}f(z\,|\,\theta_0)\frac{\partial^2}{\partial\theta_0^2}\ln f(z\,|\,\theta_0)dz \\
&= \left\langle\frac{\partial^2}{\partial\theta_0^2}\ln f(Z\,|\,\theta_0)\right\rangle \\
&= -J \tag{7.53}
\end{aligned}$$

となる．ここで，(7.35)′を使っている．

　したがって，(7.52)と(7.53)を(7.51)に用いると，

$$I_2(\hat{\theta}) \cong I_2(\theta_0) - \frac{1}{2}(\hat{\theta}-\theta_0)^2 J \tag{7.54}$$

が得られる．(7.54)の両辺に平均操作(7.28)をほどこすことにより，

$$\langle\!\langle I_2(\hat{\theta})\rangle\!\rangle \cong \langle\!\langle I_2(\theta_0)\rangle\!\rangle - \frac{1}{2}\langle\!\langle(\hat{\theta}-\theta_0)^2\rangle\!\rangle J \tag{7.55}$$

であるが，$I_2(\theta_0)$ は $x^{(1)}, x^{(2)}, \cdots, x^{(N)}$ の値に依存しないので，

$$\langle\!\langle I_2(\theta_0)\rangle\!\rangle = I_2(\theta_0)$$

が成り立つ．

　ここで，(7.55)の右辺第 2 項に(7.40)を使えば，

$$\langle\!\langle I_2(\hat{\theta})\rangle\!\rangle \cong I_2(\theta_0) - \frac{1}{2N} \tag{7.56}$$

という関係が得られる．(7.56)に登場する $I_2(\theta_0)$ が求まればよいのだが，真
の母数 θ_0 とか，真の分布が分かることは稀である．しかし，データからは $\hat{\theta}$

が求まるのであるから，(7.56)の左辺の量を手がかりとしたいのである.

　AIC の導入　　ここで，(7.50)と(7.56)とを見較べてみると，両式には未知の量 $I_2(\theta_0)$ が含まれている. したがって，両式から $I_2(\theta_0)$ を消去すればよいだろう. こうして，

$$\langle\!\langle I_2(\hat{\theta}) \rangle\!\rangle = \frac{1}{N}\{\langle\!\langle l(\hat{\theta}) \rangle\!\rangle - 1\} \tag{7.57}$$

という結果が得られた.

　(7.14)から，もしも I をゼロにすることができれば，真の母数，真の分布を求め得た，ということになる. しかし，ゼロにならなくても，I の値をなるべく小さくしてやれば，真の分布に近い分布が得られるはずである. I を小さくするには，$I_2(\theta)$ を大きくすればよい.

　ここで，AIC という量を

$$\mathrm{AIC} = -2[l(\hat{\theta}) - 1] \tag{7.58}$$

と定義しよう. AIC を用いて(7.57)を書き直せば

$$\langle\!\langle I_2(\hat{\theta}) \rangle\!\rangle = -\frac{1}{2N}\langle\!\langle \mathrm{AIC} \rangle\!\rangle \tag{7.59}$$

が得られる.

　すなわち，

$$-\frac{1}{2N}\mathrm{AIC} \tag{7.60}$$

という量は，(7.28)で定義された平均操作 $\langle\!\langle \cdot \rangle\!\rangle$ に関して，$\langle\!\langle I_2(\hat{\theta}) \rangle\!\rangle$ の不偏推定量となっている. 確率変数を相手とする通常の平均操作 $\langle \cdot \rangle$ に対しては，すでに(5.19)で不偏推定量の定義がしてあるので，参照のこと.

　以上より，なるべく正しい分布を得るための道筋は，

　　KL 情報量 I を最小 → $I_2(\hat{\theta})$ を最大 → AIC を最小

であることが明らかとなった. ここで，**AIC**(an information criterion)は赤池弘次によって導入され，**赤池の情報量規準**とよばれる. 以上をまとめると，

　　「(7.58)の AIC という量が小さい分布ほど，真の分布に近い」

ことが分かった.

次に，AIC は何に役立つかを考えよう．まず，標本抽出によってデータが与えられた場合，母集団の真の分布が前もって分かっていることはほとんどないことに注意しよう．そこで，もっともらしいと思われる母集団分布をいくつか想定することになる．その中から最良のものを選び出すことが，次の課題となる．このとき，AIC が役立つのである．すなわち，

「与えられたデータを説明するために，もっともらしいと思われるいくつかの分布を考える．それぞれの分布とデータとを用いて AIC を計算して比較する．その中で AIC が最も小さいものを選べば，想定された分布の中では最良のものが選択されたことになる」

のである．いいかえると，

「AIC は，（どれを選ぶべきかという）モデル選択の問題を扱う際に，明確な規準を与える」

と，まとめられる．情報量規準とよばれる理由が分かったであろう．

複数の母数があるとき　いままでは，母数 θ が1つの場合を扱ってきた．母数が $\theta_1, \theta_2, \cdots, \theta_k$ と全部で k 個のときに理論を拡張するには，k 成分からなる縦ベクトル

$$\boldsymbol{\theta} = \begin{pmatrix} \theta_1 \\ \theta_2 \\ \vdots \\ \theta_k \end{pmatrix} \tag{7.61}$$

を導入するとよい．(7.61)に対応する横ベクトルは，T を転置の記号として

$$\boldsymbol{\theta}^{\mathrm{T}} = (\theta_1, \theta_2, \cdots, \theta_k) \tag{7.62}$$

である．

また，フィッシャー情報量(7.26b)は

$$J_{ij} = -\left[\left\langle \frac{\partial^2}{\partial \theta_i \partial \theta_j} \ln f(Z|\boldsymbol{\theta}) \right\rangle\right]_{\theta=\theta_0} \tag{7.63}$$

を (i,j) 要素とする**フィッシャー情報行列 J** に拡張される．したがって，k 個の成分を有する $\boldsymbol{\theta}$ に対して，(7.47)は

$$\frac{1}{N}l(\boldsymbol{\theta}_0) \cong \frac{1}{N}l(\hat{\boldsymbol{\theta}}) - \frac{1}{2}(\boldsymbol{\theta}_0 - \hat{\boldsymbol{\theta}})^{\mathrm{T}} \mathsf{J}(\boldsymbol{\theta}_0 - \hat{\boldsymbol{\theta}}) \tag{7.64}$$

という変更をうける. (7.64)に(7.28)の平均操作をほどこすと, (7.38)に対応して

$$\langle\!\langle \sqrt{N}(\boldsymbol{\theta}_0 - \hat{\boldsymbol{\theta}})^{\mathrm{T}} \mathsf{J} \sqrt{N}(\boldsymbol{\theta}_0 - \hat{\boldsymbol{\theta}}) \rangle\!\rangle = k \tag{7.65}$$

が得られる. k は $\boldsymbol{\theta}$ の成分の数である.

(7.65)をきちんと示すには, 変数 $\boldsymbol{\theta}_0 - \hat{\boldsymbol{\theta}}$ に線形代数で使われる直交変換を行なう必要がある. そうすると(4.16)の形となり, (4.44)より平均は k となる. この変形の計算には多次元正規分布と直交変換の知識が要るので, (7.65)は認めることにしよう. そうすると, (7.48)以下の計算はほとんど同じで, (7.58)の代りに

$$\mathrm{AIC} = -2[l(\hat{\boldsymbol{\theta}}) - k] \tag{7.66}$$

となる. これが, k 成分からなる母数 $\boldsymbol{\theta}$ をもつ場合の AIC である.

以下で AIC の方法の適用例を示そう.

例題 7-2　第6章の例題 6-1 では機械部品の厚さを測定して検定を行なった. この製品が規格どおりに作られていれば, 厚さ 25.5(mm), 母分散 0.16(mm²) の正規分布に従うはずである. 同一のデータを, AIC の立場から見直すとどうなるか.

[解]　第5章の例題 5-2 によれば, 平均 μ, 分散 σ^2 の正規母集団から抽出したデータ $x^{(1)}, x^{(2)}, \cdots, x^{(N)}$ に対して, 対数尤度は(5.26)で与えられる. すなわち,

$$l(\theta) = -\frac{1}{2\sigma^2}\sum_{l=1}^{N}(x^{(l)} - \mu)^2 - \frac{N}{2}\ln 2\pi\sigma^2 \tag{7.67}$$

である.

$l(\theta)$ を最大とするような μ の値を $\hat{\mu}$ とし, σ^2 の値を $\hat{\sigma}^2$ とかけば, (5.29), (5.30)から, それぞれ

$$\hat{\mu} = \frac{1}{N}\sum_{l=1}^{N} x^{(l)} \tag{7.68}$$

および

$$\hat{\sigma}^2 = \frac{1}{N}\sum_{l=1}^{N}(x^{(l)}-\hat{\mu})^2 \qquad (7.69)$$

である. (7.67)を(7.68),(7.69)を用いて表わすには,

$$\sum_{l=1}^{N}(x^{(l)}-\mu)^2 = \sum_{l=1}^{N}\{(x^{(l)}-\hat{\mu})+(\hat{\mu}-\mu)\}^2$$
$$= \sum_{l=1}^{N}(x^{(l)}-\hat{\mu})^2+N(\hat{\mu}-\mu)^2$$
$$= N\{\hat{\sigma}^2+(\hat{\mu}-\mu)^2\}$$

という式を使えばよく, 結果は

$$l(\theta) = -\frac{N}{2\sigma^2}\{\hat{\sigma}^2+(\hat{\mu}-\mu)^2\}-\frac{N}{2}\ln 2\pi\sigma^2 \qquad (7.70)$$

となる.

規格どおりの製品ができた場合の平均を μ_0, 分散を σ_0^2 とかけば, このとき(7.70)は

$$l(\theta_0) = -\frac{N}{2\sigma_0^2}\{\hat{\sigma}^2+(\hat{\mu}-\mu_0)^2\}-\frac{N}{2}\ln 2\pi\sigma_0^2 \qquad (7.71)$$

となっている.

一方, 製品が規格どおりになっていないときの母集団は, 平均 μ, 分散 σ^2 で特徴づけられている. したがって, このときの最大対数尤度は(7.70)で $\mu\to\hat{\mu}$, $\sigma^2\to\hat{\sigma}^2$ とすればよく,

$$l(\hat{\theta}) = -\frac{N}{2}-\frac{N}{2}\ln 2\pi\hat{\sigma}^2 \qquad (7.72)$$

が得られる.

ここで(7.71)の場合には, μ_0,σ_0^2 がすでに決まっているので, 母数 θ の自由度の数 $k=0$ である. したがって AIC は(7.66)から

$$\mathrm{AIC}(\theta_0) = -2\{l(\theta_0)-0\}$$
$$= \frac{N}{\sigma_0^2}\{\hat{\sigma}^2+(\hat{\mu}-\mu_0)^2\}+N\ln 2\pi\sigma_0^2 \qquad (7.73)$$

となる. 一方, (7.72)の場合は μ, σ^2 を与えてはいないので, $k=2$ となり,

$$\text{AIC}(\hat{\theta}) = N + N \ln 2\pi\hat{\sigma}^2 + 2 \times 2 \tag{7.74}$$

が得られる.

ここで例題 6-1 のデータから

$$\hat{\mu} \fallingdotseq 25.34 \tag{7.75}$$

$$\hat{\sigma}^2 = \frac{8}{9} \times 0.3078$$

$$\fallingdotseq 0.2736 \tag{7.76}$$

である. まず(7.73)に, $N=9$ と

$$\mu_0 = 25.5, \qquad \sigma_0^2 = 0.16 \tag{7.77}$$

および, (7.75),(7.76)の値を代入すると

$$\text{AIC}(\theta_0) \fallingdotseq 16.88 \tag{7.78}$$

である. 同様にして(7.74)から

$$\text{AIC}(\hat{\theta}) \fallingdotseq 17.88 \tag{7.79}$$

が得られる.

(7.78)と(7.79)とを比較すると

$$\text{AIC}(\theta_0) < \text{AIC}(\hat{\theta}) \tag{7.80}$$

である. したがって, 製品は(7.77)という規格どおりの母集団から抽出された
サンプルであると考えられる. ∎

この結論は, 例題 6-1 と合っている. この例を見て分かるように,

「AIC を用いると, 検定はモデル比較の問題となる」

のである. 母数が決まった値をとるモデルと, そのような制限のないモデルの
AIC を計算して, AIC の小さな方をとればよい. "危険率 5%" とか, 数表を
気にせずともよい.

もう 1 つ例題をやっておこう.

例題 7-3 第 6 章の例題 6-8, 例題 6-9 で扱った独立性の検定を, AIC を用
いて行なってみよ.

[解] 6-3 節例 4 の分割表には, 2 つの属性 A, B と, それぞれのカテゴリ

─ A_1, A_2 および B_1, B_2 とに対する観測度数の実現値 $x_{ij}(i=1,2 ; j=1,2)$ が書き込まれている．また，A_i かつ B_j である確率は(6.86)より p_{ij} である．

この分割表が実現するときの確率関数は，図6-8の小部屋を2次元に拡張したものとなる．すなわち，

$$x_i \rightarrow x_{ij}, \qquad p_i \rightarrow p_{ij}$$

という置き換えを(6.68)に施せばよく，

$$W = \frac{n!}{x_{11}! \, x_{12}! \, x_{21}! \, x_{22}!} p_{11}{}^{x_{11}} p_{12}{}^{x_{12}} p_{21}{}^{x_{21}} p_{22}{}^{x_{22}} \qquad (7.81)$$

となる．

(6.84),(6.85)のように A のカテゴリーが M 種，B のカテゴリーが N 種あるときには，(7.81)は一般化されて

$$W = \frac{n!}{\prod\limits_{i=1}^{M} \prod\limits_{j=1}^{N} x_{ij}!} \prod_{i=1}^{M} \prod_{j=1}^{N} p_{ij}{}^{x_{ij}} \qquad (7.82)$$

という多項分布をとる．ここに Π は積の記号で

$$\prod_{i=1}^{M} f_i = f_1 \cdot f_2 \cdots f_M \qquad (7.83)$$

をあらわす．

さて，(7.81)に戻ると，対数尤度は

$$l(\theta) = \sum_{i=1}^{2} \sum_{j=1}^{2} x_{ij} \ln p_{ij} + \ln \frac{n!}{x_{11}! \, x_{12}! \, x_{21}! \, x_{22}!} \qquad (7.84)$$

となっている．

小部屋 (i,j) の実現確率 p_{ij} には

$$\sum_{i=1}^{2} \sum_{j=1}^{2} p_{ij} = 1 \qquad (7.85)$$

という条件しか存在しない場合をまず考えることにする．(7.85)の左辺にある4つの p_{ij} のうち，たとえば p_{22} は

$$p_{22} = 1 - (p_{11} + p_{12} + p_{21}) \qquad (7.86)$$

となって，他の p_{ij} で表わされるので，独立な p_{ij} は3個である．

(7.84)に(7.86)を用いて

$$l(\theta) = x_{11} \ln p_{11} + x_{12} \ln p_{12} + x_{21} \ln p_{21} + x_{22} \ln\{1-(p_{11}+p_{12}+p_{21})\} + l' \tag{7.87}$$

を得る．ただし(7.84)の右辺第2項を l' とかいている．

ここで最尤法を用いて p_{ij} を決めよう．(7.87)を p_{11} で微分して，

$$\frac{\partial l(\theta)}{\partial p_{11}} = \frac{x_{11}}{p_{11}} - \frac{x_{22}}{1-(p_{11}+p_{12}+p_{21})} = 0$$

となるが，(7.86)を用いて

$$\frac{x_{11}}{p_{11}} = \frac{x_{22}}{p_{22}}$$

を得る．同様にして，p_{12}, p_{21} で微分することにより

$$\frac{x_{11}}{p_{11}} = \frac{x_{12}}{p_{12}} = \frac{x_{21}}{p_{21}} = \frac{x_{22}}{p_{22}} \tag{7.88}$$

が導かれる．

(7.88)は p_{ij} と x_{ij} との間に，c を定数として

$$p_{ij} = cx_{ij} \tag{7.89}$$

という関係があれば満足される．したがって(7.85)，および全観測度数 n に対する

$$\sum_{i=1}^{2}\sum_{j=1}^{2} x_{ij} = n \tag{7.90}$$

という条件を(7.89)に用いて，c は

$$c = \frac{1}{n}$$

と定まる．ゆえに最尤法によって決まった p_{ij} を $\hat{p}_{ij}$ とかけば

$$\hat{p}_{ij} = \frac{x_{ij}}{n} \tag{7.91}$$

となる．

したがって，p_{ij} の間に(7.85)という制約しか存在しないときには，(7.91)を(7.84)に用いて，最大対数尤度は

$$l(\hat{\theta}) = \sum_{i=1}^{2} \sum_{j=1}^{2} x_{ij} \ln \frac{x_{ij}}{n} + l' \tag{7.92}$$

である．条件(7.85)によって，θ の自由度は $k=3$ であるから，対応する AIC は(7.66)から

$$\text{AIC}(\hat{\theta}) = -2 \sum_{i=1}^{2} \sum_{j=1}^{2} x_{ij} \ln x_{ij} + 2n \ln n + 2 \times 3 - 2l' \tag{7.93}$$

となる．

　次に，属性 A と B とが独立の場合を考えよう．このときは，例題 6-8,例題 6-9 の帰無仮説と同じく，

$$p_{ij} = p_{i\cdot} \times p_{\cdot j} \tag{7.94}$$

が成立している．ここに，$p_{i\cdot}, p_{\cdot j}$ はそれぞれ(6.87),(6.88)で与えられる周辺分布であり，

$$\sum_{i=1}^{2} p_{i\cdot} = 1 \tag{7.95a}$$

および

$$\sum_{j=1}^{2} p_{\cdot j} = 1 \tag{7.95b}$$

という制約を受けている．(7.94)を(7.84)に入れると

$$l(\theta_{\mathrm{I}}) = \sum_{i=1}^{2} \sum_{j=1}^{2} x_{ij} \ln p_{i\cdot} \times p_{\cdot j} + l' \tag{7.96}$$

となる．θ につけた添字 I は，独立(independent)を表わしている．

　ここで(7.95)から

$$p_{2\cdot} = 1 - p_{1\cdot} \tag{7.97a}$$

および

$$p_{\cdot 2} = 1 - p_{\cdot 1} \tag{7.97b}$$

であり，これらを(7.96)に用いれば，

$$\begin{aligned}
l(\theta_{\mathrm{I}}) = &\ x_{11}(\ln p_{1\cdot} + \ln p_{\cdot 1}) + x_{12}\{\ln p_{1\cdot} + \ln(1 - p_{\cdot 1})\} \\
&+ x_{21}\{\ln(1 - p_{1\cdot}) + \ln p_{\cdot 1}\} + x_{22}\{\ln(1 - p_{1\cdot}) + \ln(1 - p_{\cdot 1})\} \\
&+ l'
\end{aligned} \tag{7.98}$$

が得られる.

したがって, $l(\theta)$ を $p_1.$ で微分することにより,

$$\frac{\partial l(\theta_1)}{\partial p_1.} = \frac{x_{11} + x_{12}}{p_1.} - \frac{x_{21} + x_{22}}{1 - p_1.} = 0$$

すなわち,

$$\frac{x_1.}{p_1.} = \frac{x_2.}{p_2.} \tag{7.99a}$$

となる. ここで, (7.97a)を使っている. 同様にして,

$$\frac{x._1}{p._1} = \frac{x._2}{p._2} \tag{7.99b}$$

も得られる.

(7.99)では,

$$x_i. = \sum_{j=1}^{2} x_{ij} \tag{7.100a}$$

および

$$x._j = \sum_{i=1}^{2} x_{ij} \tag{7.100b}$$

という, 6-3節例4と同じ記法を使っている.

(7.91)を導いたときと同様にして, (7.99)から,

$$\hat{p}_i. = \frac{x_i.}{n} \tag{7.101}$$

および

$$\hat{p}._j = \frac{x._j}{n} \tag{7.102}$$

とが定まる.

(7.101)を(7.98)に用いると, 属性 A と B とが互いに独立な場合の最大対数尤度は,

$$l(\hat{\theta}_1) = \sum_{i=1}^{2} \sum_{j=1}^{2} x_{ij} \ln\left(\frac{x_i. \times x._j}{n^2}\right) + l' \tag{7.103}$$

となり，対応する AIC は，(7.66)から

$$\mathrm{AIC}(\hat{\theta}_{\mathrm{I}}) = -2\sum_{i=1}^{2} x_{i.} \ln x_{i.} - 2\sum_{j=1}^{2} x_{.j} \ln x_{.j} + 4n \ln n + 2\times 2 - 2l'$$

$$(7.104)$$

である．ここで，(7.98)から分かるように，母数の自由度 $k=2$ であることを使っている．

したがって，属性 A と B との間に何の制約もないモデルの AIC($\hat{\theta}$)，(7.93)，と，A と B とは独立であるというモデルの AIC($\hat{\theta}_{\mathrm{I}}$)，(7.104)，とを比較すればよい．すべての準備ができたので，メンデルのエンドウの例を扱おう．

まず，例題 6-8 より

$$\begin{aligned} x_{11} &= 315, & x_{12} &= 108 \\ x_{21} &= 101, & x_{22} &= 32 \end{aligned}$$

$$(7.105)$$

である．また，例題 6-9 より

$$\begin{aligned} x_{1.} &= 423, & x_{2.} &= 133 \\ x_{.1} &= 416, & x_{.2} &= 140 \end{aligned}$$

$$(7.106)$$

となっている．

(7.105)と $n=556$ を(7.93)に代入して計算すると

$$\mathrm{AIC}(\hat{\theta}) = 1245.17 - 2l' \qquad (7.107)$$

となる．同様にして(7.106)を(7.104)に代入すると，

$$\mathrm{AIC}(\hat{\theta}_{\mathrm{I}}) = 1243.29 - 2l' \qquad (7.108)$$

したがって，

$$\mathrm{AIC}(\hat{\theta}_{\mathrm{I}}) < \mathrm{AIC}(\hat{\theta})$$

であるから，A と B とは独立であるというモデルの方を採用すべきである．∎

属性 A, B のカテゴリーが多数の場合にも，(7.82)を用い，自由に動かせる母数の数 k を定めれば，この例題はほとんどそのまま拡張できる．

これら 2 つの例から分かるように，AIC を用いると検定の問題は，ほぼ自動的に解かれることが了解されよう．

次節では，AIC を用いた別の問題をとりあげよう．

7-4　時系列解析

植物学者ブラウン(R. Brown)は，花粉から出た微小粒子が水上で不規則な運動をすることを発見した．微粒子の運動を顕微鏡で観測していると，粒子はあちこちと，さまようのである．気温の変化，株価の変動なども予測しがたい不規則なものである．これらの現象を扱うために，時間 t とともに不規則に変化する確率変数

$$X(t) \tag{7.109}$$

を導入し，その実現値を $x^{(t)}$ とかくことにしよう．

　(7.109)の $X(t)$ で記述される運動を**確率過程**(stochastic process)といい，確率過程論という研究分野を形成している．ここではその中の**時系列解析**(time series analysis)とよばれる問題を扱うことにする．

　時系列解析のモデル　　確率変数 $X(t)$ の実現値である観測データ $x^{(t)}$ を得るときには，たとえば1秒間隔で微粒子の位置を記録することになる．したがって，t は離散的な(トビトビの)値をとり，時間の単位を(たとえば，秒単位というように)適当に選べば，

$$t = 1, 2, \cdots, N \tag{7.110}$$

となる．このとき得られた観測データの組 $\{x^{(1)}, x^{(2)}, \cdots, x^{(N)}\}$ を，**時系列データ**という．

　さて，(7.109)の $X(t)$ は，どのような法則に従うであろうか．以下でこの問題を考察しよう．ここで，1つの例え話だが，ある人がいて，その人の今日の状態 $X(t)$ は，昨日の状態 $X(t-1)$ と一昨日の状態 $X(t-2)$，…，という過去の履歴を引きずりながら決まるだろう．それだけではなく，何か突発的な不測の事態(これを $N(t)$ とかく)の影響も受けることだろう．($N(t)$ と，(7.110)の N とを混同しないように.)

　したがって，$X(t)$ の時間変動は，

$$X(t) = a_1 X(t-1) + a_2 X(t-2) + \cdots + a_M X(t-M) + N(t) \tag{7.111}$$

という式に従うだろう．ここで M は，今日(時刻 t)に影響を与える最も古い

記憶までの，時間的な隔たりを表わす．(7.111)は，過去の自分によって現在の自分が規定される，という意味で**自己回帰モデル**(autoregression model)とよばれ，$a_1, a_2, \cdots, a_M$ を**自己回帰係数**，M をモデルの次数という．また，これは **AR モデル**と略称される．

　過去の履歴とは無関係の突発的な影響を表わす $N(t)$ は，いわば"雑音"であるから，さまざまな値をランダムにとると考えられる．そこで，以下では，$N(t)$ は平均ゼロ，分散 σ^2 の正規分布に従うとしよう．すなわち，

$$\langle N(t) \rangle = 0 \tag{7.112}$$

$$\langle N(t)^2 \rangle_c = \langle N(t)^2 \rangle - \langle N(t) \rangle^2$$

$$= \langle N(t)^2 \rangle = \sigma^2 \tag{7.113a}$$

となる．ここで，$\langle \cdot \rangle_c$ は 2-3 節で導入したキュムラントである．また，異なる時刻の $N(t)$ は

$$\langle N(t) N(t') \rangle = 0 \qquad (t \neq t') \tag{7.113b}$$

とする．すなわち，異なる時刻に起こる"不測の事態"は，相互に無関係だ，と仮定しておく．

　また，$N(t)$ の実現値を $n^{(t)}$ とかけば，$N(t)$ の確率密度は，正規分布

$$W(n^{(t)}) = \frac{1}{\sqrt{2\pi\sigma^2}} \exp\left[-\frac{(n^{(t)})^2}{2\sigma^2} \right] \tag{7.114}$$

である．

　さて，極端な話だが，"過去の自分のことは全て忘れた"，という生き方をする人もいるだろう．行き当たりばったり型の人で，その人の今日の状態 $X(t)$ は，今日，昨日，一昨日，…の突発的な出来事のみから影響を受け，したがって

$$X(t) = N(t) - b_1 N(t-1) - b_2 N(t-2) - \cdots - b_{M'} N(t-M') \tag{7.115}$$

が成り立つ．ここで，$b_1, b_2, \cdots, b_{M'}$ の前の符号がマイナスになっているのは，習慣に従ったものである．(7.115)は**移動平均モデル**(moving average model)あるいは **MA モデル**とよばれ，M' をモデルの次数という．

　さらに，(7.111)と(7.115)とを合わせたモデルも考えられ，

$$X(t) = \sum_{j=1}^{M} a_j X(t-j) - \sum_{j=1}^{M'} b_j N(t-j) + N(t) \tag{7.116}$$

で記述される．(7.116)で表わされるモデルを，(M, M')次の**自己回帰移動平均モデル**(autoregressive moving average model)あるいは**ARMA モデル**という．

　以上3つのモデルが，不規則な時間変化をする現象の解析によく用いられている．このうち，最も基本的なものは AR モデルであるから，以下ではこのモデルをとりあげて解析を行なう．

　AIC との結びつき　　AR モデル(7.111)によって，与えられた時系列データを解析するときに，モデルの次数 M はどのようにして決めたらよいだろうか．モデル自体の中には M を決定する手順は含まれておらず，なるべくデータと一致するように M を決めるしか方法はなさそうである．しかし，一般的にいえば，M が大きいほどデータとの一致はよくなるはずで，真の M は小さいのに，目の前のデータに引きずられすぎて大きな M を選んでしまう，ということが起こるのである．そこで，M を決める客観的な基準として，AIC を用いることにしよう．

　さて，この章では確率密度(あるいは確率関数)を

$$W(n^{(t)}) \to f(n^{(t)}|\boldsymbol{\theta}) \tag{7.117}$$

とかくのであった．また，手許には(7.110)で指定された時刻におけるデータの組 $\{x^{(1)}, x^{(2)}, \cdots, x^{(N)}\}$ があるものとしよう．したがって，(7.1)の尤度関数は

$$L(\boldsymbol{\theta}) = f(n^{(1)}|\boldsymbol{\theta})f(n^{(2)}|\boldsymbol{\theta})\cdots f(n^{(N)}|\boldsymbol{\theta}) \tag{7.118}$$

となる．

　上式の $f(n^{(t)}|\boldsymbol{\theta})$ は(7.117)の対応により，(7.114)で与えられている．これを具体的にかくと，

$$f(n^{(t)}|\boldsymbol{\theta}) = \frac{1}{\sqrt{2\pi\sigma^2}}\exp\left\{-\frac{1}{2\sigma^2}\left[x^{(t)} - \sum_{j=1}^{M}a_j x^{(t-j)}\right]^2\right\} \tag{7.119}$$

となっている．ここで，(7.111)に対応する実現値の式，

$$n^{(t)} = x^{(t)} - \sum_{j=1}^{M}a_j x^{(t-j)} \tag{7.120}$$

を，(7.114)に代入している．

(7.119)から，$t=1,2,\cdots,N$ に対する $f(n^{(t)}|\boldsymbol{\theta})$ が分かるので，(7.118)の尤度関数が求まり，したがって(7.2)の対数尤度は，

$$l(\boldsymbol{\theta}) = \sum_{t=1}^{N} \ln f(n^{(t)}|\boldsymbol{\theta})$$

$$= -\frac{1}{2\sigma^2}\sum_{t=1}^{N}\left[x^{(t)} - \sum_{j=1}^{M}a_j x^{(t-j)}\right]^2 - \frac{N}{2}\ln 2\pi\sigma^2 \qquad (7.121)$$

と求められる．(7.119)より，母数 $\boldsymbol{\theta}$ は

$$a_1, a_2, \cdots, a_M, \sigma^2 \qquad (7.122)$$

からなり，全部で $M+1$ 個ある．

これら $M+1$ 個の母数を，最尤法を用いて，以下で決定しよう．すなわち，

$$\frac{\partial l(\boldsymbol{\theta})}{\partial a_1} = \frac{1}{\sigma^2}\sum_{t=1}^{N}\left[x^{(t)} - \sum_{j=1}^{M}a_j x^{(t-j)}\right]x^{(t-1)} = 0$$

$$\cdots\cdots\cdots\cdots\cdots\cdots \qquad (7.123)$$

$$\frac{\partial l(\boldsymbol{\theta})}{\partial a_M} = \frac{1}{\sigma^2}\sum_{t=1}^{N}\left[x^{(t)} - \sum_{j=1}^{M}a_j x^{(t-j)}\right]x^{(t-M)} = 0$$

および

$$\frac{\partial l(\boldsymbol{\theta})}{\partial \sigma^2} = \frac{1}{2\sigma^4}\sum_{t=1}^{N}\left[x^{(t)} - \sum_{j=1}^{M}a_j x^{(t-j)}\right]^2 - \frac{N}{2\sigma^2} = 0 \qquad (7.124)$$

が解くべき方程式である．

ここで

$$\phi_{lj} = \sum_{t=1}^{N} x^{(t-l)} x^{(t-j)} \qquad (7.125)$$

という量を導入すると，(7.123)の1番目の式は

$$\phi_{11}\hat{a}_1 + \phi_{12}\hat{a}_2 + \cdots + \phi_{1M}\hat{a}_M = \phi_{10} \qquad (7.126)$$

となる．また，最尤法によって得られる母数には，$\hat{a}_i$ という記法を用いている．

(7.123)の他の式も同様に(7.125)を使って表わすことができ，係数を行列の形にまとめると，

$$\begin{bmatrix} \phi_{11} & \phi_{12} & \cdots & \phi_{1M} \\ \phi_{21} & \phi_{22} & \cdots & \phi_{2M} \\ \vdots & \vdots & \ddots & \vdots \\ \phi_{M1} & \phi_{M2} & \cdots & \phi_{MM} \end{bmatrix} \begin{pmatrix} \hat{a}_1 \\ \hat{a}_2 \\ \vdots \\ \hat{a}_M \end{pmatrix} = \begin{pmatrix} \phi_{10} \\ \phi_{20} \\ \vdots \\ \phi_{M0} \end{pmatrix} \tag{7.127}$$

となる.

一方, 分散 σ^2 の最尤推定量は(7.124)から求まり,

$$\hat{\sigma}^2 = \frac{1}{N} \sum_{t=1}^{N} \left[x^{(t)} - \sum_{j=1}^{M} \hat{a}_j x^{(t-j)} \right]^2 \tag{7.128}$$

で与えられる.

次に, (7.128)右辺の2乗の部分を展開して, $\hat{\sigma}^2$ を ϕ_{lj} で表わしておこう. すなわち, (7.128)から,

$$\hat{\sigma}^2 = \frac{1}{N} \left\{ \sum_{t=1}^{N} x^{(t)} x^{(t)} - 2 \sum_{j=1}^{M} \hat{a}_j \sum_{t=1}^{N} x^{(t-j)} x^{(t)} + \sum_{j=1}^{M} \hat{a}_j \sum_{l=1}^{M} \sum_{t=1}^{N} x^{(t-j)} x^{(t-l)} \hat{a}_l \right\}$$

$$= \frac{1}{N} \left\{ \phi_{00} - 2 \sum_{j=1}^{M} \hat{a}_j \phi_{j0} + \sum_{j=1}^{M} \hat{a}_j \sum_{l=1}^{M} \phi_{jl} \hat{a}_l \right\} \tag{7.129}$$

が得られる.

さて, (7.126)は

$$\sum_{l=1}^{M} \phi_{1l} \hat{a}_l = \phi_{10} \tag{7.130}$$

とかけており, $j=1, 2, \cdots, M$ に対して(7.130)を一般化すると,

$$\sum_{l=1}^{M} \phi_{jl} \hat{a}_l = \phi_{j0} \tag{7.131}$$

が成り立っていることに注意しよう. (7.129)の右辺に(7.131)を用いると,

$$\hat{\sigma}^2 = \frac{1}{N} \left(\phi_{00} - \sum_{j=1}^{M} \hat{a}_j \phi_{j0} \right) \tag{7.132}$$

という単純な結果が得られる.

(7.128)を(7.121)に用いると最大対数尤度は

$$l(\boldsymbol{\theta}) = -\frac{N}{2} - \frac{N}{2} \ln 2\pi \hat{\sigma}^2 \tag{7.133}$$

となり，これを(7.66)に入れて，

$$\mathrm{AIC}(\hat{\boldsymbol{\theta}}) = N + N \ln 2\pi\hat{\sigma}^2 + 2(M+1) \qquad (7.134\mathrm{a})$$

が AR モデルに対する AIC である．ここで，(7.122)によって $k=M+1$ であることを使っている．

　以上をまとめると，

　「AR モデルによって不規則な時系列を解析するには，

　　データの組 $\{x^{(1)}, x^{(2)}, \cdots, x^{(N)}\} \rightarrow (7.125)$ の $\phi_{ij} \rightarrow (7.127)$ の $\hat{a}_1, \hat{a}_2, \cdots, \hat{a}_M$

　　を解く $\rightarrow (7.132)$ から $\hat{\sigma}^2$ を求める $\rightarrow (7.134\mathrm{a})$ の $\mathrm{AIC}(\hat{\boldsymbol{\theta}})$ を計算する

　　という手続きを繰り返し行なって，$\mathrm{AIC}(\hat{\boldsymbol{\theta}})$ が最小となるように $M, \hat{a}_1,$

　　$\hat{a}_2, \cdots, \hat{a}_M, \hat{\sigma}^2$ を定めればよい」

ということになる．

　具体的な問題を扱う際に，(7.134a)の中で本質的な項は，母数 $\hat{\sigma}^2$ と自由度に依存する部分であるから，(7.134a)の代りに，

$$\mathrm{AIC}(\hat{\boldsymbol{\theta}}) = N \ln \hat{\sigma}^2 + 2(M+1) \qquad (7.134\mathrm{b})$$

を使うことにする．

　では，以上の手順に従って実際に問題を扱ってみよう．

　例題 7-4　時間 t に対する電圧 $X(t)$ の変動を記録したところ，次のようなデータを得た．ただし，時間も電圧値も適当な尺度で無次元化してあり，測定の時間間隔は1で，左→右(そして，上→下)の時間順にデータが並べてある．また，横軸を時間とした電圧の変化が，図7-1に描いてある．A R モデルと AIC によって，この時系列を解析せよ．

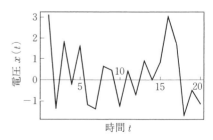

図7-1　電圧 $x(t)$ の変動

$$
\begin{array}{rrrrr}
3.15, & -1.34, & 1.86, & -0.21, & 1.62, \\
-1.17, & -1.38, & 0.68, & 0.50, & -1.20, \\
0.51, & -0.68, & 1.01, & 0.01, & 0.87, \\
3.10, & 1.71, & -1.76, & -0.48, & -1.06
\end{array}
$$

[解] まず，$M=0$ の AR モデル（実は MA モデルと同じ）をあてはめてみよう．このとき，(7.111)から

$$X(t) = N(t) \tag{7.135}$$

であり，(7.129)から

$$\hat{\sigma}^2 = \frac{1}{N}\phi_{00} = \frac{1}{N}\sum_{t=1}^{N} x^{(t)} x^{(t)} \tag{7.136}$$

を計算するだけでよい．これを行なうと，

$$\hat{\sigma}^2 = \frac{1}{20}\{(x^{(1)})^2 + \cdots + (x^{(20)})^2\}$$

$$= \frac{1}{20}\{3.15^2 + \cdots + (-1.06)^2\}$$

$$= \frac{42.76}{20}$$

$$\doteqdot 2.14 \tag{7.137}$$

となる．

したがって(7.134b)に，$N=20$, $M=0$ および上の $\hat{\sigma}^2$ を入れて計算すると，

$$\mathrm{AIC}(\hat{\sigma}^2) \doteqdot 17.20 \tag{7.138}$$

が得られる．

次に $M=1$ の AR モデル，

$$X(t) = \hat{a}_1 X(t-1) + N(t) \tag{7.139}$$

を考えると，(7.126)から

$$\phi_{11}\hat{a}_1 = \phi_{10} \tag{7.140}$$

である．

ここで，$t=1$ としたときの(7.139)は，実現値

$$x^{(1)} = \hat{a}_1 x^{(0)} + n^{(1)}$$

をとるが，$x^{(0)}$ は与えられていないのでこの式は使えない．ゆえに(7.121)の t についての和は，2 から $N(=20)$ までとなる．

したがって，ϕ_{11} は(7.125)から

$$\phi_{11} = \sum_{t=2}^{20} x^{(t-1)} x^{(t-1)}$$
$$= (x^{(1)})^2 + \cdots + (x^{(19)})^2$$
$$= 41.636 \tag{7.141}$$

である．また，ϕ_{10} は(7.125)より

$$\phi_{10} = \sum_{t=2}^{20} x^{(t-1)} x^{(t)}$$
$$= x^{(1)} x^{(2)} + \cdots + x^{(19)} x^{(20)}$$
$$= -4.213 \tag{7.142}$$

となる．

(7.141), (7.142)を(7.140)に用いると，

$$\hat{a}_1 = \frac{\phi_{10}}{\phi_{11}}$$
$$= -0.101 \tag{7.143}$$

が得られる．

また，$N(t)$ の分散は(7.132)に，$\phi_{00}=32.84$ および(7.142), (7.143)を用いて，

$$\hat{\sigma}^2 = \frac{\phi_{00} - \hat{a}_1 \phi_{10}}{N-1}$$
$$= 1.706 \tag{7.144}$$

となる．$N-1$ で割ってあるのは，$t=1$ のときの AR モデルの式

$$x^{(1)} = \hat{a}_1 x^{(0)} + n^{(1)}$$

が使われておらず，(7.141), (7.142)のように実質的なデータ数が $N-1$ となっているからである．

したがって，$M=1$ のときの AIC は(7.134b)から，

$$\mathrm{AIC}(\hat{a}_1, \hat{\sigma}^2) = (20-1)\ln(1.706) + 2(1+1)$$
$$\fallingdotseq 14.15 \tag{7.145}$$

となっている．

さらに，$M=2$ のモデルを調べよう．このとき，AR モデルの式(7.120)は

$$x^{(1)} = \hat{a}_1 x^{(0)} + \hat{a}_2 x^{(-1)} + n^{(1)}$$

$$x^{(2)} = \hat{a}_1 x^{(1)} + \hat{a}_2 x^{(0)} + n^{(2)}$$

$$x^{(3)} = \hat{a}_1 x^{(2)} + \hat{a}_2 x^{(1)} + n^{(3)} \qquad (7.146)$$

$$\cdots\cdots\cdots\cdots$$

$$x^{(20)} = \hat{a}_1 x^{(19)} + \hat{a}_2 x^{(18)} + n^{(20)}$$

であるが，$x^{(0)}, x^{(-1)}$ は与えられていないので，最初の2つの式は使えない．したがって，実質的なデータ数は $N-2=18$ である．すなわち，

$$\phi_{11} = \sum_{t=3}^{20} x^{(t-1)} x^{(t-1)} = 31.714 \qquad (7.147a)$$

$$\phi_{12} = \sum_{t=3}^{20} x^{(t-1)} x^{(t-2)} = -4.722 \qquad (7.147b)$$

同様にして，

$$\phi_{10} = 0.011 \qquad (7.147c)$$

$$\phi_{22} = 41.406 \qquad (7.147d)$$

$$\phi_{20} = 4.428 \qquad (7.147e)$$

$$\phi_{00} = 31.039 \qquad (7.147f)$$

である．

これらを用いて，(7.127)から

$$\hat{a}_1 = \frac{\phi_{22}\phi_{10} - \phi_{12}\phi_{20}}{\phi_{11}\phi_{22} - \phi_{12}{}^2}$$

$$= 0.017 \qquad (7.148a)$$

$$\hat{a}_2 = \frac{\phi_{11}\phi_{20} - \phi_{12}\phi_{10}}{\phi_{11}\phi_{12} - \phi_{12}{}^2}$$

$$= -0.817 \qquad (7.148b)$$

が求まる．したがって，分散は(7.132)により，

$$\hat{\sigma}^2 = \frac{1}{N-2}(\phi_{00} - \hat{a}_1\phi_{10} - \hat{a}_2\phi_{20})$$

$$\doteqdot 1.925 \qquad (7.149)$$

である．$N-2$ で割った理由は(7.146)の下で説明してある．

ゆえに，(7.134b)より，$M=2$ のときの AIC は，

$$\mathrm{AIC}(\hat{a}_1, \hat{a}_2, \hat{\sigma}^2) = (20-2)\ln(1.925) + 2(2+1)$$
$$\fallingdotseq 17.79 \tag{7.150}$$

となる．

(7.138), (7.145), (7.150)を比較すると，

$$\mathrm{AIC}(\hat{a}_1, \hat{\sigma}^2) < \mathrm{AIC}(\hat{\sigma}^2) < \mathrm{AIC}(\hat{a}_1, \hat{a}_2, \hat{\sigma}^2)$$

となっており，$M=1$ のモデル

$$X(t) = \hat{a}_1 X(t-1) + N(t)$$

が採用される．ここで，(7.143)から

$$\hat{a}_1 \fallingdotseq -0.1$$

また，(7.144)から

$$\langle N(t)^2 \rangle = \hat{\sigma}^2 \fallingdotseq 1.7$$

である．▌

　この例題および前節でとりあげた諸問題から分かるように，情報量基準 AIC はさまざまな分野に適用され，大きな成果をあげている．極めて優れた方法論であることが了解されよう．

第7章演習問題

[1]　不等式(7.16)

$$\ln p \leqq p-1$$

を示せ．ただし，$p \geqq 0$ である．

[2]　確率変数 Z の実現値が離散的で $z_1, z_2, \cdots, z_M$ のとき，(7.13)は

$$I_1 = \langle \ln W(Z) \rangle$$
$$= \sum_{j=1}^{M} W_j \ln W_j$$

である．このとき

$$I_1 \geqq \ln \frac{1}{M}$$

を示せ. また, 等号が成立するのは

$$W_j = \frac{1}{M} \qquad (j=1, 2, \cdots, M)$$

のときであることを示せ.

[3] ある円形の製品が規格どおりに作られていれば, 直径に関して平均8.5, 母分散 2.5^2 の正規分布に従うはずである. 標本抽出によって得られた製品の直径を測定したところ, その値は

8.3, 11.0, 9.3, 5.5, 9.6, 15.6, 6.2, 13.0, 6.8, 13.5,

14.6, 6.2, 10.3, 6.6, 12.2, 11.6, 8.9, 9.8, 10.7, 10.4

であった. この製品は規格どおりに作られているといえるか.

[4] 第6章演習問題 [3]を, AIC を用いて検討せよ.

さらに勉強するために

本書で学んだ確率と統計の基礎的方法論は，さまざまな分野に応用できる．また，数学的な基礎に興味を抱いた人もいるであろう．そこで，本書を学び終えた人が，それぞれの興味に従って次に進む際の道しるべとして，いくつかの書物をあげておこう．

確率・統計全般については，

[1]　小針晛宏：『確率・統計入門』(岩波書店，1973)

[2]　薩摩順吉：『確率・統計』(岩波書店，1989)

を薦める．この2冊は本書とほぼ同レベルであるが，それぞれに特色がある．

[3]　伏見康治：『確率論および統計論』(復刻版，初版は1942年)(現代工学社，1977)

は古いが，理工学の応用を含むさまざまな問題がとりあげられている．今でも，一読に値する古典である．また，

[4]　瀧保夫，茅陽一，宮川洋，関根泰次：『確率統計現象』(岩波書店，1978)

では，基礎工学の視点から確率統計が論じられている興味深い書物である．

確率の数学的書物の代表として，

[5]　フェラー(河田龍夫，国沢清典監訳)：『確率論とその応用』(I(上・下)，II(上・下))(紀伊國屋書店，1960-1970)

[6]　伊藤清：『確率論I，II，III』(岩波講座　基礎数学)(岩波書店，1988)

がある．[5]は確率の応用を含む広範な分野の問題を扱っている．数学的基礎をきちんと学びたい人は，なかなか読み切るのは大変だが，[6]とじっくり取り組むとよい．

統計学の本として，

[7]　スネデカー，コクラン(畑村又好，奥野忠一，津村善郎訳)：『統計的方

法』(原書第6版)(岩波書店, 1972)

[8]　東京大学教養学部統計学教室編：『統計学入門』(東京大学出版会, 1991)

[9]　東京大学教養学部統計学教室編：『自然科学の統計学』(東京大学出版会, 1992)

[10]　繁桝算男：『ベイズ統計入門』(東京大学出版会, 1985)

をあげておく．[7],[8]は比較的やさしい書物である．また，[9]は題名のとおり自然科学における応用，ことにデータ解析などに特徴がある．[10]は本書で触れることのできなかった，ベイズ統計学の入門書である．この書物を読むと，統計学にも随分と異なる視点があることを学ぶだろう．

情報量規準に関する書物は少ないが，

[11]　坂元慶行，石黒真木夫，北川源四郎：『情報量統計学』(共立出版, 1983)

[12]　鈴木義一郎：『情報量規準による統計解析入門』(講談社, 1995)

がある．[11]には実際に問題を処理するためのプログラムがついている．また，[12]には多くの例題がある．

AICを使って時系列を扱ったものに，

[13]　北川源四郎：『時系列解析プログラミング』(岩波書店, 1993)

がある．ていねいなプログラムが付随しているので，時系列を実際に扱う人には便利である．

AICのディジタル信号への応用は，

[14]　谷萩隆嗣：『ディジタル信号処理の理論，3推定・適応信号処理』(コロナ社, 1986)

をみるとよい．フィルターの設計も論じられている．

経済現象の時系列解析を論じたものに，

[15]　廣松毅，浪花貞夫：『経済時系列分析』(朝倉書店, 1990)

がある．

本書では論じえなかった話題に，確率過程論がある．しかし，本書の知識を基礎にすれば，確率過程論を学ぶことができる．たとえば，時間とともにラン

ダムに変動する物理現象は,

    [16]   久保亮五:『統計物理学』(岩波講座　現代物理学の基礎[第2版]5)

        (岩波書店, 1978)第5章, 第6章

の中で扱われているので, 勉強してみるとよいだろう.

    文献 [6]の III は確率過程を数学的に論じている. また,

    [17]   宮沢政清:『確率と確率過程』(近代科学社, 1993)

も参考になろう.

    [18]   森島英典, 木島正明:『ファイナンスのための確率過程』(日科技連出

        版, 1991)

は, 表題のように経済現象(投資理論)向けに書かれた書物だが, この中には確率微分方程式の比較的やさしい叙述がある.

演習問題解答

第1章

[1] (1.50)で $p=1/3$, $n=10$, $x=2$ とおけば,

$$W_2 = {}_{10}C_2\left(\frac{1}{3}\right)^2\left(\frac{2}{3}\right)^8 = 45\times\frac{2^8}{3^{10}} \fallingdotseq 0.195$$

[2] まずそれぞれの球はすべて区別できるとすれば, 全部で $m+n$ 個の球の順列の数は, $(m+n)!$ である.

しかし白球同士の間では区別できないのであるから, m 個の白球を並べかえてできる順列の数 $m!$ で $(m+n)!$ を割っておかないと, 数えすぎになる. 同様に, 赤球同士の並べかえによって得られる順列の数 $n!$ でも割る必要がある.

したがって,

$$\frac{(m+n)!}{m!\,n!}$$

[3] 容器中に気体分子は一様に存在していると考えられる. したがって, 体積 v の小部分中に1個の気体分子を見出す確率 p は $p=v/V$ である.

また, 全部で N 個の分子のうちから n 個を選び出す場合の数は ${}_NC_n$ である.

したがって求める確率は

$$W_n = {}_NC_n\left(\frac{v}{V}\right)^n\left(1-\frac{v}{V}\right)^{N-n}$$

という2項分布となる.

[4] ポアソン分布の確率関数 W_x は

$$W_x = \frac{\mu^x}{x!}e^{-\mu}$$

であり, (1.59)より

$$\sum_{x=0}^{\infty} W_x = 1$$

となっている.

したがって, X の実現値 x が2以上である確率は

$$P(X\geqq2) = \sum_{x=0}^{\infty} W_x - (W_0 + W_1)$$
$$= 1 - (e^{-\mu} + \mu e^{-\mu})$$

となり，$\mu=3$ を入れて

$$P(X\geqq2) = 1 - 4e^{-3} \fallingdotseq 0.8$$

第2章

[1] サイコロの $1,2,\cdots,6$ の目が出る確率はみな等しく，$1/6$ であるとする．したがって事象 A の起こる確率は

$$P(A) \equiv p = \frac{1}{6} + \frac{1}{6} = \frac{1}{3}$$

となり，A の余事象 $\bar{A}$ の起こる確率は

$$P(\bar{A}) = 1 - p = \frac{2}{3}$$

である．サイコロを振れば A か $\bar{A}$ のどちらかの事象が起こるのであるから，X は2項分布に従う．すなわち，

$$W_x = {}_nC_x p^x (1-p)^{n-x}$$
$$= {}_nC_x \left(\frac{1}{3}\right)^x \left(\frac{2}{3}\right)^{n-x}$$

が求める確率関数である．$\langle X \rangle$ の期待値は，(2.18)から

$$\langle X \rangle = np = \frac{n}{3}$$

[2] 離散的な値をとる確率変数に対する特性関数は(2.31)で与えられる．ポアソン分布(2.22)を代入して(和の下限は $x=0$ から始まる)，

$$\Phi(\xi) = \sum_{x=0}^{\infty} \frac{\mu^x}{x!} e^{-\mu} e^{i\xi x}$$
$$= e^{-\mu} \sum_{x=0}^{\infty} \frac{1}{x!} (\mu e^{i\xi})^x$$

を得る．ここで，指数関数の展開(2.46)と上式の右辺とを比較すると，

$$\Phi(\xi) = e^{-\mu} \exp(\mu e^{i\xi}) = \exp[\mu(e^{i\xi}-1)]$$

となる．これがポアソン分布の特性関数である．

この結果を(2.53c)と比較することによって

$$\langle e^{i\xi X} \rangle_c - 1 = \mu(e^{i\xi}-1)$$

という表式が得られる．ここで，(2.46)を用いて両辺の指数を展開すると，

$$i\xi\langle X\rangle_{\mathrm c}+\frac{1}{2}(i\xi)^2\langle X^2\rangle_{\mathrm c}+\frac{1}{3!}(i\xi)^3\langle X^3\rangle_{\mathrm c}+\cdots$$

$$= i\xi\mu+\frac{1}{2}(i\xi)^2\mu+\frac{1}{3!}(i\xi)^3\mu+\cdots$$

であるから，両辺の $(i\xi)^n$ の係数を等しいと置くことによって

$$\langle X\rangle_{\mathrm c}=\mu,\quad \langle X^2\rangle_{\mathrm c}=\mu,\quad \langle X^3\rangle_{\mathrm c}=\mu,\quad \cdots$$

が成り立つ．したがって，ポアソン分布の全てのキュムラントは，平均 μ に等しい．

また，(2.55)の第1式から $\langle X\rangle=\langle X\rangle_{\mathrm c}=\mu$ であり，(2.56)の第2式および(2.8)を用いて，

$$\sigma^2 = \langle X^2\rangle-\langle X\rangle^2 = \langle X^2\rangle_{\mathrm c} = \mu$$

が得られる．これらの結果は(2.23)および(2.24)と一致している．

[3] A は

$$\sum_{x=1,0,-1} W_x = \frac{1}{A}(e^{-a}+1+e^a) = 1$$

から決まり，$A=e^{-a}+1+e^a$ となる．また，$\langle X\rangle$ は

$$\langle X\rangle = \sum_{x=1,0,-1} xW_x$$

$$= W_1-W_{-1} = \frac{1}{A}(e^{-a}-e^a)$$

と計算される．同様にして，

$$\langle X^2\rangle = \sum_{x=1,0,-1} x^2W_x$$

$$= W_1+W_{-1} = \frac{1}{A}(e^{-a}+e^a)$$

となる．したがって，分散は

$$\sigma^2 = \langle X^2\rangle-\langle X\rangle^2$$

$$= \frac{1}{A}(e^{-a}+e^a)-\frac{1}{A^2}(e^{-a}-e^a)^2$$

$$= \frac{1}{A^2}(4+e^{-a}+e^a)$$

[4] X の平均は

$$\langle X\rangle = \int_{-\infty}^{\infty} xW(x)dx = \lambda\int_0^{\infty} xe^{-\lambda x}dx$$

となる．ここで，部分積分の公式

$$\int_a^b f'(x)g(x)dx = \big[f(x)g(x)\big]_a^b - \int_a^b f(x)g'(x)dx$$

を思い出して, $f'(x)=e^{-\lambda x}$, $g(x)=x$ と考えると

$$\langle X \rangle = -\lambda \int_0^\infty \Big(-\frac{1}{\lambda}\Big)e^{-\lambda x}dx = \frac{1}{\lambda}$$

第3章

[1] X の期待値を計算すると

$$\langle X \rangle = \sum_j x_j W_j$$

$$= 0 \times \frac{1}{2} + \frac{1}{2} \times \frac{1}{4} + 1 \times \frac{1}{4} = \frac{3}{8}$$

となる. したがって

$$\frac{\langle X \rangle}{\varepsilon} = \frac{3}{8} \times 2 = \frac{3}{4}$$

である. 一方, X が $\varepsilon=1/2$ 以上の実現値をとる確率は

$$P(X \geqq 1/2) = W_2 + W_3$$

$$= \frac{1}{4} \times 2 = \frac{1}{2}$$

である. したがって

$$\frac{3}{4} > \frac{1}{2}$$

であるので, (3.8)は満たされている.

[2] 表の出る回数を表わす確率変数 X は 2 項分布 $B(10,1/2)$ に従う. ゆえに X の平均と分散は, それぞれ, $\mu=\langle X \rangle=np=10\times1/2=5$, $\sigma^2=np(1-p)=10\times(1/2)^2=5/2$ である. また与えられた不等式は, μ を使って $-2\leqq X-\mu\leqq2$, すなわち $|X-\mu|\leqq2$ と書き直せる.

ここで

$$P(|X-\mu|\leqq2) = P(|X-\mu|<2)+W_3+W_7$$

に注意して, (3.13)を用いると

$$P(|X-\mu|\leqq2) - W_3 - W_7 \geqq 1 - \frac{\sigma^2}{2^2}$$

となる. 2 項分布の確率関数は(2.13)で与えられているから

$$W_3 = {}_{10}C_3\Big(\frac{1}{2}\Big)^{10} = \frac{15}{128} \doteqdot 0.117188$$

$$W_7 = {}_{10}C_7\left(\frac{1}{2}\right)^{10} = W_3$$

と計算できる．したがって，μ と σ^2 の値を用いて

$$P(|X-5|\leqq 2) \geqq 1 - \frac{1}{2^2}\times\frac{5}{2} + \frac{15}{128}\times 2$$

すなわち，$P(3\leqq X\leqq 7)\geqq 0.609$ となる．

[3] 出る目の総和は $X=X^{(1)}+X^{(2)}+\cdots+X^{(N)}$ である．また，$\langle X^{(1)}\rangle=\langle X^{(2)}\rangle=\cdots=\langle X^{(N)}\rangle=\mu$ であるから，出る目の総和の平均は

$$\langle X\rangle = N\mu$$

である．ここで

$$\mu = \sum_{j=1}^{6} x_j W_j = (1+2+\cdots+6)/6 = 3.5$$

であるから

$$\langle X\rangle = 3.5\times 4 = 14$$

となる．また，X の分散は(3.31)から

$$\langle(X-\langle X\rangle)^2\rangle = N\sigma^2$$

である．ここで σ^2 は $X^{(1)}, X^{(2)}, \cdots, X^{(N)}$ の分散で全て等しく，

$$\sigma^2 = \langle(X^{(1)}-\mu)^2\rangle$$
$$= \{(1-\mu)^2+(2-\mu)^2+\cdots+(6-\mu)^2\}/6$$

と計算すればよい．$\mu=3.5$ であるから，$\sigma^2=35/12$ が求まり，X の分散は $N=4$ に対して

$$\langle(X-\langle X\rangle)^2\rangle = 4\times\frac{35}{12} \fallingdotseq 11.667$$

となる．

[4] 変数を

$$Z = \frac{X-\mu}{\sigma}$$

に変換すると，問題の不等式はそれぞれ

$$-1 < Z < 1 \quad \text{および} \quad -2 < Z < 2$$

となり，Z は $N(0,1)$ に従う．それゆえ，Z が $-1<Z<1$ となる確率は

$$P(-1<Z<1) = 2P(0<Z<1)$$
$$= 2\int_0^1 W(z)dz$$

である．ここで $W(z)=e^{-z^2/2}/\sqrt{2\pi}$ は $N(0,1)$ の確率密度であり，$W(-z)=W(z)$ であ

ることを使っている．巻末の附表2には $\phi(z)=\int_z^\infty W(x)dx$ の値が与えてある．$W(z)$ は $\int_{-\infty}^\infty W(z)dz=1$ を満たしているので，積分領域を分ければ

$$\int_{-\infty}^{-z} W(z)dz+\int_{-z}^{z} W(z)dz+\int_z^\infty W(z)dz = 1$$

すなわち

$$2\int_0^z W(z)dz+2\phi(z) = 1$$

となっている．したがって

$$P(-z<Z<z) = 2\int_0^z W(z)dz = 1-2\phi(z)$$

が成り立つ．ゆえに

$$P(-1<Z<1) = 1-2\phi(1)$$
$$= 1-2\times0.1587 = 0.6826$$

となる．すなわち，X が平均 μ から $\pm\sigma$ だけ離れた範囲内に存在する確率は7割弱である．

これを，μ から $\pm2\sigma$ の範囲に拡げると

$$P(-2<Z<2) = 1-2\phi(2)$$
$$= 1-2\times0.0228 = 0.9544$$

となり，95% 以上の確率がこの範囲に入ることになる．

[5] X が正規分布に従い，$\mu=0$ であるから，(2.43)から特性関数は

$$\Phi(\xi) = e^{(i\xi)^2\sigma^2/2} = \sum_{l=0}^\infty \frac{(i\xi)^{2l}\sigma^{2l}}{2^l l!} \qquad ①$$

で与えられる．一方，(2.47)から

$$\Phi(\xi) = \sum_{k=0}^\infty \frac{(i\xi)^k}{k!}\langle X^k\rangle \qquad ②$$

である．両者を比較すると，①には $i\xi$ の奇数冪の項は存在しないので，②の奇数次のモーメントは

$$\langle X^{2l+1}\rangle = 0$$

である．また，②の偶数次の項が①と一致するのであるから，

$$\frac{1}{(2l)!}\langle X^{2l}\rangle = \frac{\sigma^{2l}}{2^l l!}$$

が成立する．

第4章

[1]　変数変換 $y/2=x$ により

$$\int_0^\infty C_1(y)dy = 2\int_0^\infty \frac{1}{\sqrt{2\pi}}\cdot\frac{1}{\sqrt{2x}}e^{-x}dx$$

$$= \frac{1}{\sqrt{\pi}}\int_0^\infty \frac{1}{\sqrt{x}}e^{-x}dx$$

となる．ここでさらに $x=u^2/2$ と変換すると

$$\int_0^\infty C_1(y)dy = \frac{1}{\sqrt{\pi}}\int_0^\infty \sqrt{2}\,\frac{e^{-u^2/2}}{u}udu$$

$$= \sqrt{\frac{2}{\pi}}\int_0^\infty e^{-u^2/2}du$$

$$= \sqrt{\frac{2}{\pi}}\frac{1}{2}\sqrt{2\pi} = 1$$

となる．ここで，積分公式(1.71)を使った．

[2]　コーシー分布を積分するときに，変数変換 $t=\tan\theta$ を行なうと，

$$\int_{-\infty}^\infty W_T(t)dt = \frac{1}{\pi}\int_{-\infty}^\infty \frac{1}{t^2+1}dt$$

$$= \frac{1}{\pi}\int_{-\pi/2}^{\pi/2} \cos^2\theta\frac{1}{\cos^2\theta}d\theta$$

$$= \frac{1}{\pi}\times\pi = 1$$

となる．次にモーメントを考えよう．たとえば4次のモーメントは

$$\langle T^4\rangle = \frac{1}{\pi}\int_{-\infty}^\infty \frac{t^4}{t^2+1}dt$$

となるが，$t\to\pm\infty$ で被積分関数は発散しており，モーメントは存在しない．他のモーメントも同じような事情で存在しないという意味で，特異な分布である．

[3]　(4.51)の変数 y_1 を t とすると，t 分布(4.87)に対して

$$\int_{-\infty}^\infty W_T(t)dt = 2\int_0^\infty W_T(t)dt \tag{①}$$

である．ここで，$W_T(t)$ は偶関数であることを使っている．変数の変換(4.50)に対応して

$$t = \sqrt{y} \tag{②}$$

とおけば，①は(4.87)から

$$\int_{-\infty}^\infty W_T(t)dt = 2\int_0^\infty \frac{\Gamma((N+1)/2)}{\sqrt{\pi N}\Gamma(N/2)}\frac{1}{(y/N+1)^{(N+1)/2}}\frac{1}{2}y^{-1/2}dy$$

$$= \int_0^\infty \frac{N^{N/2}\Gamma((N+1)/2)}{\Gamma(1/2)\Gamma(N/2)} \frac{y^{-1/2}}{(y+N)^{(N+1)/2}} dy \qquad ③$$

を得る. ここで(4.40)を使っている. ③ の被積分関数は(4.67)で $N_1=1$, $N_2=N$ とおいたものと一致している. すなわち,

$$\int_0^\infty W_{Y(1,N)}(y)dy = \int_{-\infty}^\infty W_T(t)dt \qquad ④$$

となり, (4.53a)と同じ形となった. このことからも, (4.78)で与えられる T の2乗が, 自由度 $(1,N)$ の F 分布に従うことが了解されよう.

[4] (4.77)より, $\alpha=0.05$ とおいて巻末の附表4をみれば,

$$l = y_{0.95}(7,10)$$
$$= \frac{1}{y_{0.05}(10,7)} = \frac{1}{3.63} \fallingdotseq 0.275$$

第5章

[1] 1回目の標本抽出を行なったときに事象 A が起こる回数を確率変数 $X^{(1)}$ で表わす. $X^{(1)}$ は2項分布 $B(1,p)$ に従い, $X^{(1)}$ の実現値 $x^{(1)}$ は1 (A が起こった), 0 (A が起こらなかった)のどちらかとなる. また, $X^{(1)}$ は $B(1,p)$ に従うので, 確率関数は

$$W(x^{(1)},p) = {}_1C_{x^{(1)}}p^{x^{(1)}}(1-p)^{1-x^{(1)}}$$

である. ここで, $x^{(1)}=1, 0$ であるから, ${}_1C_{x^{(1)}}=1$ となり,

$$W(x^{(1)},p) = p^{x^{(1)}}(1-p)^{1-x^{(1)}}$$

2回目以降の抽出に対しても確率関数は同じ形であり, (5.22)は,

$$L(p) = p^{x^{(1)}}(1-p)^{1-x^{(1)}}p^{x^{(2)}}(1-p)^{1-x^{(2)}}\cdots p^{x^{(N)}}(1-p)^{1-x^{(N)}}$$
$$= p^x(1-p)^{N-x}$$

となる. ここで $x=x^{(1)}+x^{(2)}+\cdots+x^{(N)}$ は N 回の抽出を行なったとき事象 A の起こった回数を表わす. したがって, 対数尤度は

$$l(\theta) = \ln L(\theta)$$
$$= x \ln p+(N-x)\ln(1-p)$$

となり, $\theta=p$ として(5.25)を用いると

$$\frac{dl}{dp} = \frac{x}{p}-\frac{N-x}{1-p} = 0$$

より, p の最尤推定値として

$$\hat{p} = \frac{x}{N}$$

を得る.

[2] $X^{(1)}$ は2項分布 $B(1,p)$ に従い，(2.18)，(2.21)より

$$\langle X^{(1)} \rangle = p, \qquad \langle (X^{(1)} - \langle X^{(1)} \rangle)^2 \rangle = p(1-p)$$

である．$X^{(2)}, \cdots, X^{(N)}$ も同一の分布に従うので，上と同様の関係式が成り立つ．したがって，(3.22)，(3.31)より，$X(N)$ の平均と分散はそれぞれ，

$$\langle X(N) \rangle = Np, \qquad \langle (X(N) - \langle X(N) \rangle)^2 \rangle = Np(1-p)$$

となる．また，$X(N)$ の確率分布は $B(N,p)$ となる．したがって，N の大きな極限で

$$Z(N) = \frac{X(N) - Np}{\sqrt{Npq}}$$

は，中心極限定理によって $N(0,1)$ に従う．ゆえに，

$$P(z_l < Z(N) < z_u) = 1 - \alpha$$

を満たす p の範囲は，

$$\frac{X(N)}{N} - z_u \sqrt{\frac{pq}{N}} < p < \frac{X(N)}{N} + z_u \sqrt{\frac{pq}{N}}$$

である．ここで，$z_l = -z_u$ を使っている．

ところが p に対する不等号の左右には，未知の量 $p, q (=1-p)$ が入っているので，これでは区間推定はできない．そこで，まず $X(N)/N$ の代りに，

$$\frac{X(N)}{N} \rightarrow \frac{x(N)}{N} = \hat{p}$$

と最尤推定値(前問[1])を用いることにして，さらに不等号の左右にある p, q には $\hat{p}$ を使うことにしよう．以上より，

$$\hat{p} - z_u \sqrt{\hat{p}(1-\hat{p})/N} < p < \hat{p} + z_u \sqrt{\hat{p}(1-\hat{p})/N}$$

が，p の推定区間である．

[3] サイコロを1回振って，1あるいは2の目が出れば事象 A が起こり，その他の目が出れば A は起こらなかったと考えると，前問[2]の結果が使える．まず，

$$x(120) = x^{(1)} + x^{(2)} + \cdots + x^{(120)}$$
$$= 18 + 24 = 42$$

より，

$$\hat{p} = \frac{x(N)}{N} = \frac{42}{120} = 0.35$$

となる．次に巻末の正規分布の表から，$\alpha = 0.05$ となる z_u の値は1.96であるから，

$$0.35 - 1.96 \times \sqrt{0.35 \times 0.65/120} < p < 0.35 + 1.96 \times \sqrt{0.35 \times 0.65/120}$$
$$\therefore \quad 0.27 < p < 0.44$$

[4] 同一の確率分布

$$W(x) = e^{-\mu}\frac{\mu^x}{x!}$$

に従う確率変数を $X^{(1)}, X^{(2)}, \cdots, X^{(N)}$ とする. これらの確率変数を N 回の標本抽出に対応させ,

$$X(N) = X^{(1)} + X^{(2)} + \cdots + X^{(N)}$$

を考えることにする. ポアソン分布に対しては, (2.23), (2.24)から

$$\langle X^{(1)} \rangle = \langle X^{(2)} \rangle = \cdots = \langle X^{(N)} \rangle = \mu$$

$$\langle (X^{(1)} - \langle X^{(1)} \rangle)^2 \rangle = \langle (X^{(2)} - \langle X^{(2)} \rangle)^2 \rangle = \cdots$$
$$= \langle (X^{(N)} - \langle X^{(N)} \rangle)^2 \rangle = \mu$$

であるから, (3.22), (3.31)を用いて

$$\langle X(N) \rangle = N\mu, \quad \langle (X(N) - \langle X(N) \rangle)^2 \rangle = N\mu$$

を得る. したがって

$$Z(N) = \frac{X(N) - N\mu}{\sqrt{N\mu}}$$

は, 中心極限定理によって N の大きな極限で正規分布 $N(0,1)$ に近づく.

区間推定の信頼水準を $1-\alpha$ とすると

$$P(z_l < Z(N) < z_u) = 1 - \alpha$$

となるように μ の範囲を定めればよい. 上式の不等式は

$$\frac{X(N)}{N} - z_u\sqrt{\frac{\mu}{N}} < \mu < \frac{X(N)}{N} + z_u\sqrt{\frac{\mu}{N}}$$

であるが, 前々問 [2] にならって

$$\frac{X(N)}{N} \to \frac{x(N)}{N} = \hat{\mu}$$

と対応させて, 標本のデータ

$$x(N) = x^{(1)} + x^{(2)} + \cdots + x^{(N)}$$

を用いることにする. 以上から, ポアソン分布の平均 μ の推定区間は, N が大きいとき

$$\hat{\mu} - z_u\sqrt{\frac{\hat{\mu}}{N}} < \mu < \hat{\mu} + z_u\sqrt{\frac{\hat{\mu}}{N}}$$

第6章

[1] 表の出る確率を p とすると, 帰無仮説

$$H_0: \quad p = \frac{1}{2}$$

の検定を行なえばよい．硬貨を投げて表の出る回数 X は 2 項分布に従い，(2.18)，(2.21)から

$$\mu = \langle X \rangle = np$$
$$\sigma^2 = \langle (X - \langle X \rangle)^2 \rangle = np(1-p)$$

である．ここで試行回数は $n = 100$ という大きな数なので，中心極限定理から

$$Z = \frac{X-\mu}{\sigma} = \frac{X-np}{\sqrt{np(1-p)}}$$

は正規分布 $N(0,1)$ に従う．危険率 $\alpha = 0.05$ に対して，棄却域の限界は

$$z_\mathrm{u} = 1.96$$

である．一方，上の Z の実現値の中に，$n = 100$，$p = 1/2$，$x = 64$ を入れると，

$$z = \frac{64 - 100 \times \dfrac{1}{2}}{\sqrt{100 \times \dfrac{1}{2} \times \dfrac{1}{2}}} = 2.8$$

となる．したがって危険率 5% で，$p = 1/2$ という帰無仮説は棄却され，硬貨は正しくない(ゆがんでいる)と，結論される．

[2]　(6.81)の X_j に観測値

$$x_1 = 315, \quad x_2 = 108, \quad x_3 = 101, \quad x_4 = 32$$

を用いる．このとき，$n = 556$，$M = 4$ であり，また

$$p_1 = \frac{9}{16}, \qquad p_2 = p_3 = \frac{3}{16}, \qquad p_4 = \frac{1}{16}$$

が与えられている．したがって，

$$\chi^2(3) = \frac{(315 - 556 \times 9/16)^2}{556 \times 9/16} + \frac{(108 - 556 \times 3/16)^2}{556 \times 3/16}$$
$$+ \frac{(101 - 556 \times 3/16)^2}{556 \times 3/16} + \frac{(32 - 556/16)^2}{556/16} = 0.470$$

となる．危険率 $\alpha = 0.05$ に対する $\chi^2(3)$ の棄却域の限界は，$k_\mathrm{u} = 7.81$ であり，理論的出現確率の値は危険率 5% では棄却されない．

[3]　「帰無仮説 H_0：接種と発病とは独立である」の検定を行なう．確率 p_{ij} は与えられていないので，データを用いることにする．

$$x_{1\cdot} = x_{11} + x_{12} = 6815, \qquad x_{2\cdot} = x_{21} + x_{22} = 11668$$
$$x_{\cdot 1} = x_{11} + x_{21} = 328, \qquad x_{\cdot 2} = x_{12} + x_{22} = 18155$$

であり，また $n = 18483$ となる．$M = N = 2$ と上の数値を(6.99)に代入し，また X_{ij} には表の観測度数 x_{ij} を用いると，

$$\chi^2(1) = \frac{(56-6815 \times 328/18483)^2}{6815 \times 328/18483} + \frac{(6759-6815 \times 18155/18483)^2}{6815 \times 18155/18483}$$

$$+ \frac{(272-11668 \times 328/18483)^2}{11668 \times 328/18483} + \frac{(11396-11668 \times 18155/18483)^2}{11668 \times 18155/18483}$$

$$\doteqdot 56.23$$

となる．自由度 $(M-1)(N-1)=1$ の χ^2 分布の棄却域は，$\alpha=0.05$ のとき $k_u=3.84$，また $\alpha=0.01$ のとき $k_u=6.63$ である．したがって，接種と発病とは独立（無関係）だ，という仮説 H_0 は棄却される．ゆえに，接種は有効であるといえる．

第7章

[1] 不等式の両辺の関数を右図に示してある．不等式の右辺の関数は，左辺の関数より小さくはなれないので，不等式が成立する．また，等号が成り立つのは，$p=1$ のときである．

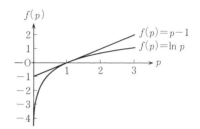

[2] まず，$\sum\limits_{j=1}^{M} W_j=1$ を使って，

$$I_1 - \ln \frac{1}{M} = \sum_{j=1}^{M} W_j \ln W_j + \sum_{j=1}^{M} W_j \ln M$$

$$= \sum_{j=1}^{M} W_j \ln MW_j = -\sum_{j=1}^{M} W_j \ln \frac{1}{MW_j}$$

を得る．ここで，問題 [1] の不等式の p の代りに

$$p \to \frac{1}{MW_j}$$

と置き換えると，

$$\ln \frac{1}{MW_j} \leqq \frac{1}{MW_j} - 1$$

となるから，

$$\ln \frac{1}{M} - I_1 \leqq \sum_{j=1}^{M} W_j \left(\frac{1}{MW_j} - 1 \right)$$

である．不等号の右辺は

$$\sum_{j=1}^{M} \frac{1}{M} - \sum_{j=1}^{M} W_j = M \times \frac{1}{M} - 1 = 0$$

なので，

$$I_1 \geqq \ln \frac{1}{M}$$

が示せた．等号は $p=1$ のときに成立するのだから，その条件は

$$\frac{1}{MW_j} = 1$$

すなわち

$$W_j = \frac{1}{M}$$

である．W_j が j に依存しない分布を一様分布という．I_1 は，一様分布のとき最小となることが分かった．

[3] まず規格どおりであれば

$$\mu_0 = 8.5, \qquad \sigma_0{}^2 = 2.5^2$$

である．また，(7.68)から

$$\hat{\mu} = 10.01$$

となり，さらに(7.69)を計算すると

$$\hat{\sigma}^2 = 7.93$$

である．(7.73)にこれらの値を代入すると

$$\mathrm{AIC}(\theta_0) \doteqdot 106.1$$

となり，また(7.74)から

$$\mathrm{AIC}(\hat{\theta}) \doteqdot 102.2$$

が求まる．

$$\mathrm{AIC}(\hat{\theta}) < \mathrm{AIC}(\theta_0)$$

であるから，これらの抽出データに対しては $\hat{\mu}$ と $\hat{\sigma}^2$ で特徴づけられるモデルを採用すべきである．したがって，規格どおりの製品とはいえない．

[4] 接種と発病の関係を扱う際に，(7.85)という条件のみを考慮すると，(7.93)の $\mathrm{AIC}(\hat{\theta})$ が得られる．これに

$$x_{11} = 56, \qquad x_{12} = 6759$$
$$x_{21} = 272, \qquad x_{22} = 11396$$
$$n = 18483$$

を代入すると

$$\mathrm{AIC}(\hat{\theta}) = -2(56 \ln 56 + 6759 \ln 6759 + 272 \ln 272 + 11396 \ln 11396)$$
$$+ 2 \times 18483 \ln 18483 + 2 \times 3 - 2l'$$
$$= 27571.3 - 2l'$$

となる．一方，接種が発病と無関係だとすると，(7.104)が得られる．これに

$$x_1. = 6815, \quad x_2. = 11668$$
$$x_{.1} = 328, \quad x_{.2} = 18155$$
$$n = 18483$$

を代入して,

$$\mathrm{AIC}(\theta_1) = 27632.5 - 2l'$$

となる.したがって,

$$\mathrm{AIC}(\hat{\theta}) < \mathrm{AIC}(\theta_1)$$

であるから,接種と発病とが独立であるというモデルは捨てられる.この結論は,第6章演習問題 [3] の結論と同じである.

附　表

附　表

附表 1　乱数表の例

	00-04	05-09	10-14	15-19	20-24	25-29	30-34	35-39	40-44	45-49	50-54	55-59	60-64	65-69	70-74	75-79	80-84	85-89	90-94	95-99
00	54463	22662	65905	70639	79365	67382	29085	69831	47058	08186	59391	58030	52098	82718	87024	82848	04190	96574	90464	29065
01	15389	85205	18850	39226	42249	90669	96325	23248	60933	26927	99567	76364	28391	04615	27062	96621	43918	01896	83391	51141
02	85941	40756	82414	02015	13858	78030	16269	65978	01385	15345	10363	97518	51400	25670	98342	61891	27101	37855	06235	33316
03	61149	69440	11286	88218	58925	03638	52862	62733	33451	77455	86859	19558	64432	16706	99612	59798	82803	67708	15297	28612
04	05219	81619	10651	67079	92511	59888	84502	72095	83463	75577	11258	24591	36863	55368	31721	94335	34936	02566	80972	08188
05	41417	98326	87719	92294	46614	50948	64886	20002	97365	30976	95068	88628	35911	14530	33020	80428	39936	31855	34334	64865
06	28357	94070	20652	35774	16249	75019	21145	05217	47286	76305	54463	47237	73800	91017	36239	71824	83671	39892	60518	37092
07	17783	00015	10806	83091	91530	36466	39981	62481	49177	75779	16874	62677	57412	13215	31389	62233	80827	73917	82802	84420
08	40950	84820	29881	85966	62800	70326	84740	62660	77379	90279	92294	63157	76593	91316	03505	72389	96363	52887	01087	06091
09	82995	64157	66164	41180	10089	41757	78258	96488	88629	37231	15669	56689	35682	40844	53256	81872	35213	09840	34471	74441
10	96754	17676	55659	44105	47361	34833	86679	23930	53249	27083	99116	75486	84989	23476	52967	67104	39495	39100	17217	74073
11	34357	88040	53364	71726	45690	66334	60332	22554	90600	71113	15696	10703	65178	90637	63110	17622	53998	71087	84148	11670
12	06318	37403	49927	57715	50423	67372	63116	48888	21505	80182	97720	15369	51269	69620	14878	13699	33423	67453	43269	56720
13	62111	52820	07243	79931	89292	84767	85693	73947	22278	11551	11666	13841	71681	98000	35979	39719	81899	07449	47985	46967
14	47534	09243	67879	00544	23410	12740	02540	54440	32949	13491	71628	73130	78783	75691	41632	09847	61547	18707	85489	69944
15	98614	75993	84460	62846	95844	14922	48730	73443	45375	34770	40501	51089	99943	91843	41995	88931	73631	69361	05375	15417
16	24856	03648	44898	09351	98795	18644	39765	90368	81378	44104	22518	55576	98215	82068	10798	86211	36584	67466	69373	40054
17	96887	12479	80621	66223	86085	78285	02432	53342	98656	94771	75112	30485	62173	02132	14878	92879	22281	16783	86352	00077
18	90801	21472	42815	77408	37390	76766	52615	32141	30268	18106	60327	02671	98191	84342	90813	49268	95541	15496	20168	09271
19	55165	77312	83666	36028	28420	70219	81369	41943	47366	41067	60251	45548	02146	05597	49228	81366	34598	72856	66762	17002
20	75884	12952	84318	95108	72305	64620	91318	89872	45375	85436	57430	82270	10421	00540	43648	75888	66049	21511	47676	03444
21	16777	37116	58550	42958	21460	43910	01175	87894	81378	10620	73528	39559	34434	88596	54086	71693	43132	14414	79949	85193
22	46230	43877	80207	88877	89380	32992	93380	03164	98656	59337	25991	65959	70769	64721	86413	93475	42740	06175	82758	66248
23	42902	66892	46134	01432	94710	23474	20423	60137	60609	13119	78388	16638	09134	59980	86806	48472	93318	35434	24739	72606
24	81007	00333	39693	28039	10154	95425	39220	19774	31782	49037	12477	09965	96657	57994	59439	76330	24596	77515	09577	91871
25	68089	01122	51111	72373	06902	74373	96199	97017	41273	21546	83266	32883	42451	15579	38155	29793	40914	65990	16255	17777
26	20411	67081	89950	16944	93054	87687	96693	87236	77054	33848	96970	80876	10237	39515	79152	74798	39357	09054	73579	92359
27	58212	13160	06468	15718	82627	66999	05999	56580	96739	63700	37074	65198	44785	98336	29575	84481	97610	78735	82781	98265
28	70577	42866	24969	61210	76046	67699	42054	12696	93758	03283	83712	06514	30101	78295	54656	85417	43189	60048	72781	72606
29	94522	74358	71659	62038	79643	79169	44741	05437	39038	13163	20287	56862	69727	94443	64936	08366	27227	05158	50326	59566
30	42626	86819	85651	88678	17401	03252	99547	32404	17918	62880	74261	32592	86538	27041	65172	65532	07571	60609	39285	65340
31	16051	33763	57194	16752	54450	19031	58580	47629	54132	60631	64081	49863	08478	96001	18888	14810	70545	89755	59064	07210
32	08244	27647	33851	44705	94211	46716	11738	55784	95374	72655	05617	75818	47750	67814	29575	10526	66192	44464	27058	40467
33	59497	04392	09419	99964	51211	04894	72882	17805	21896	83864	26793	74951	95466	74307	13330	42664	85515	20632	05497	33625
34	97155	13428	40293	09985	58434	01412	69124	59058	59058	82859	65988	72850	48737	54719	52056	01596	03845	35067	03134	70322

スネデカー，コクラン，岩村，奥野，津村訳）：『統計的方法』（原書第 6 版），（岩波書店，1972）より引用。

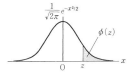

附表2　正規分布　$\phi(z) = \displaystyle\int_z^\infty \frac{1}{\sqrt{2\pi}} e^{-x^2/2} dx$ の値

z	0.00	0.01	0.02	0.03	0.04	0.05	0.06	0.07	0.08	0.09
0.0	0.5000	0.4960	0.4920	0.4880	0.4840	0.4801	0.4761	0.4721	0.4681	0.4641
0.1	0.4602	0.4562	0.4522	0.4483	0.4443	0.4404	0.4364	0.4325	0.4286	0.4247
0.2	0.4207	0.4168	0.4129	0.4090	0.4052	0.4013	0.3974	0.3936	0.3897	0.3859
0.3	0.3821	0.3783	0.3745	0.3707	0.3669	0.3632	0.3594	0.3557	0.3520	0.3483
0.4	0.3446	0.3409	0.3372	0.3336	0.3300	0.3264	0.3228	0.3192	0.3156	0.3121
0.5	0.3085	0.3050	0.3015	0.2981	0.2946	0.2912	0.2877	0.2843	0.2810	0.2776
0.6	0.2743	0.2709	0.2676	0.2643	0.2611	0.2578	0.2546	0.2514	0.2483	0.2451
0.7	0.2420	0.2389	0.2358	0.2327	0.2296	0.2266	0.2236	0.2206	0.2177	0.2148
0.8	0.2119	0.2090	0.2061	0.2033	0.2005	0.1977	0.1949	0.1922	0.1894	0.1867
0.9	0.1841	0.1814	0.1788	0.1762	0.1736	0.1711	0.1685	0.1660	0.1635	0.1611
1.0	0.1587	0.1562	0.1539	0.1515	0.1492	0.1469	0.1446	0.1423	0.1401	0.1379
1.1	0.1357	0.1335	0.1314	0.1292	0.1271	0.1251	0.1230	0.1210	0.1190	0.1170
1.2	0.1151	0.1131	0.1112	0.1093	0.1075	0.1056	0.1038	0.1020	0.1003	0.0985
1.3	0.0968	0.0951	0.0934	0.0918	0.0901	0.0885	0.0869	0.0853	0.0838	0.0823
1.4	0.0808	0.0793	0.0778	0.0764	0.0749	0.0735	0.0721	0.0708	0.0694	0.0681
1.5	0.0668	0.0655	0.0643	0.0630	0.0618	0.0606	0.0594	0.0582	0.0571	0.0559
1.6	0.0548	0.0537	0.0526	0.0516	0.0505	0.0495	0.0485	0.0475	0.0465	0.0455
1.7	0.0446	0.0436	0.0427	0.0418	0.0409	0.0401	0.0392	0.0384	0.0375	0.0367
1.8	0.0359	0.0351	0.0344	0.0336	0.0329	0.0322	0.0314	0.0307	0.0301	0.0294
1.9	0.0287	0.0281	0.0274	0.0268	0.0262	0.0256	0.0250	0.0244	0.0239	0.0233
2.0	0.0228	0.0222	0.0217	0.0212	0.0207	0.0202	0.0197	0.0192	0.0188	0.0183
2.1	0.0179	0.0174	0.0170	0.0166	0.0162	0.0158	0.0154	0.0150	0.0146	0.0143
2.2	0.0139	0.0136	0.0132	0.0129	0.0125	0.0122	0.0119	0.0116	0.0113	0.0110
2.3	0.0107	0.0104	0.0102	0.00990	0.00964	0.00939	0.00914	0.00889	0.00866	0.00842
2.4	0.00820	0.00798	0.00776	0.00755	0.00734	0.00714	0.00695	0.00676	0.00657	0.00639
2.5	0.00621	0.00604	0.00587	0.00570	0.00554	0.00539	0.00523	0.00508	0.00494	0.00480
2.6	0.00466	0.00453	0.00440	0.00427	0.00415	0.00402	0.00391	0.00379	0.00368	0.00357
2.7	0.00347	0.00336	0.00326	0.00317	0.00307	0.00298	0.00289	0.00280	0.00272	0.00264
2.8	0.00256	0.00248	0.00240	0.00233	0.00226	0.00219	0.00212	0.00205	0.00199	0.00193
2.9	0.00187	0.00181	0.00175	0.00169	0.00164	0.00159	0.00154	0.00149	0.00144	0.00139
3.0	0.00135	0.00131	0.00126	0.00122	0.00118	0.00114	0.00111	0.00107	0.00104	0.00100
3.1	0.00097	0.00094	0.00090	0.00087	0.00084	0.00082	0.00079	0.00076	0.00074	0.00071
3.2	0.00069	0.00066	0.00064	0.00062	0.00060	0.00058	0.00056	0.00054	0.00052	0.00050
3.3	0.00048	0.00047	0.00045	0.00043	0.00042	0.00040	0.00039	0.00038	0.00036	0.00035
3.4	0.00034	0.00032	0.00031	0.00030	0.00029	0.00028	0.00027	0.00026	0.00025	0.00024
3.5	0.00023	0.00022	0.00022	0.00021	0.00020	0.00019	0.00019	0.00018	0.00017	0.00017
3.6	0.00016	0.00015	0.00015	0.00014	0.00014	0.00013	0.00013	0.00012	0.00012	0.00011
3.9	0.00005	0.00005	0.00004	0.00004	0.00004	0.00004	0.00004	0.00004	0.00003	0.00003

スネデカー，コクラン（畑村，奥野，津村訳）：『統計的方法』（原書第6版），（岩波書店，1972）および薩摩順吉：『確率・統計』（理工系の数学入門コース7）（岩波書店，1989）をもとに，さらに追加して作製.

附表 3　　χ^2 分布　　$\displaystyle\int_u^\infty C_N(x)\,dx = \alpha$ となる α と u の値

自由度 N	これより大きな値をうる確率 α												
	0.995	0.990	0.975	0.950	0.900	0.750	0.500	0.250	0.100	0.050	0.025	0.010	0.005
1	⋯⋯	⋯⋯	⋯⋯	⋯⋯	0.02	0.10	0.45	1.32	2.71	3.84	5.02	6.63	7.88
2	0.01	0.02	0.05	0.10	0.21	0.58	1.39	2.77	4.61	5.99	7.38	9.21	10.60
3	0.07	0.11	0.22	0.35	0.58	1.21	2.37	4.11	6.25	7.81	9.35	11.34	12.84
4	0.21	0.30	0.48	0.71	1.06	1.92	3.36	5.39	7.78	9.49	11.14	13.28	14.86
5	0.41	0.55	0.83	1.15	1.61	2.67	4.35	6.63	9.24	11.07	12.83	15.09	16.75
6	0.68	0.87	1.24	1.64	2.20	3.45	5.35	7.84	10.64	12.59	14.45	16.81	18.55
7	0.99	1.24	1.69	2.17	2.83	4.25	6.35	9.04	12.02	14.07	16.01	18.48	20.28
8	1.34	1.65	2.18	2.73	3.49	5.07	7.34	10.22	13.36	15.51	17.53	20.09	21.96
9	1.73	2.09	2.70	3.33	4.17	5.90	8.34	11.39	14.68	16.92	19.02	21.67	23.59
10	2.16	2.56	3.25	3.94	4.87	6.74	9.34	12.55	15.99	18.31	20.48	23.21	25.19
11	2.60	3.05	3.82	4.57	5.58	7.58	10.34	13.70	17.28	19.68	21.92	24.72	26.76
12	3.07	3.57	4.40	5.23	6.30	8.44	11.34	14.85	18.55	21.03	23.34	26.22	28.30
13	3.57	4.11	5.01	5.89	7.04	9.30	12.34	15.98	19.81	22.36	24.74	27.69	29.82
14	4.07	4.66	5.63	6.57	7.79	10.17	13.34	17.12	21.06	23.68	26.12	29.14	31.32
15	4.60	5.23	6.27	7.26	8.55	11.04	14.34	18.25	22.31	25.00	27.49	30.58	32.80
16	5.14	5.81	6.91	7.96	9.31	11.91	15.34	19.37	23.54	26.30	28.85	32.00	34.27
17	5.70	6.41	7.56	8.67	10.09	12.79	16.34	20.49	24.77	27.59	30.19	33.41	35.72
18	6.26	7.01	8.23	9.39	10.86	13.68	17.34	21.60	25.99	28.87	31.53	34.81	37.16
19	6.84	7.63	8.91	10.12	11.65	14.56	18.34	22.72	27.20	30.14	32.85	36.19	38.58
20	7.43	8.26	9.59	10.85	12.44	15.45	19.34	23.83	28.41	31.41	34.17	37.57	40.00
21	8.03	8.90	10.28	11.59	13.24	16.34	20.34	24.93	29.62	32.67	35.48	38.93	41.40
22	8.64	9.54	10.98	12.34	14.04	17.24	21.34	26.04	30.81	33.92	36.78	40.29	42.80
23	9.26	10.20	11.69	13.09	14.85	18.14	22.34	27.14	32.01	35.17	38.08	41.64	44.18
24	9.89	10.86	12.40	13.85	15.66	19.04	23.34	28.24	33.20	36.42	39.36	42.98	45.56
25	10.52	11.52	13.12	14.61	16.47	19.94	24.34	29.34	34.38	37.65	40.65	44.31	46.93
26	11.16	12.20	13.84	15.38	17.29	20.84	25.34	30.43	35.56	38.89	41.92	45.64	48.29
27	11.81	12.88	14.57	16.15	18.11	21.75	26.34	31.53	36.74	40.11	43.19	46.96	49.64
28	12.46	13.56	15.31	16.93	18.94	22.66	27.34	32.62	37.92	41.34	44.46	48.28	50.99
29	13.12	14.26	16.05	17.71	19.77	23.57	28.34	33.71	39.09	42.56	45.72	49.59	52.34
30	13.79	14.95	16.79	18.49	20.60	24.48	29.34	34.80	40.26	43.77	46.98	50.89	53.67
40	20.71	22.16	24.43	26.51	29.05	33.66	39.34	45.62	51.80	55.76	59.34	63.69	66.77
50	27.99	29.71	32.36	34.76	37.69	42.94	49.33	56.33	63.17	67.50	71.42	76.15	79.49
60	35.53	37.48	40.48	43.19	46.46	52.29	59.33	66.98	74.40	79.08	83.30	88.38	91.95
70	43.28	45.44	48.76	51.74	55.33	61.70	69.33	77.58	85.53	90.53	95.02	100.42	104.22
80	51.17	53.54	57.15	60.39	64.28	71.14	79.33	88.13	96.58	101.88	106.63	112.33	116.32
90	59.20	61.75	65.65	69.13	73.29	80.62	89.33	98.64	107.56	113.14	118.14	124.12	128.30
100	67.33	70.06	74.22	77.93	82.36	90.13	99.33	109.14	118.50	124.34	129.56	135.81	104.17

スネデカー，コクラン（畑村，奥野，津村訳）:『統計的方法』(原書第 6 版)，（岩波書店，1972)より引用.

附表 4　F 分布（その 1）（α=0.05）　　　$\int_u^\infty W_{Y(N_1,N_2)}(x)\,dx=0.05$ となる N_1, N_2, u の値

$W_{Y(N_1,N_2)}(x)$

N_2 \ N_1	1	2	3	4	5	6	7	8	9	10	12	14	16	20	30	40	50	100	500	∞
1	161	200	216	225	230	234	237	239	241	242	244	245	246	248	250	251	252	253	254	254
2	18.51	19.00	19.16	19.25	19.30	19.33	19.36	19.37	19.38	19.39	19.41	19.42	19.43	19.44	19.46	19.47	19.47	19.49	19.50	19.50
3	10.13	9.55	9.28	9.12	9.01	8.94	8.88	8.84	8.81	8.78	8.74	8.71	8.69	8.66	8.62	8.60	8.58	8.56	8.54	8.53
4	7.71	6.94	6.59	6.39	6.26	6.16	6.09	6.04	6.00	5.96	5.91	5.87	5.84	5.80	5.74	5.71	5.70	5.66	5.64	5.63
5	6.61	5.79	5.41	5.19	5.05	4.95	4.88	4.82	4.78	4.74	4.68	4.64	4.60	4.56	4.50	4.46	4.44	4.40	4.37	4.36
6	5.99	5.14	4.76	4.53	4.39	4.28	4.21	4.15	4.10	4.06	4.00	3.96	3.92	3.87	3.81	3.77	3.75	3.71	3.68	3.67
7	5.59	4.74	4.35	4.12	3.97	3.87	3.79	3.73	3.68	3.63	3.57	3.52	3.49	3.44	3.38	3.34	3.32	3.28	3.24	3.23
8	5.32	4.46	4.07	3.84	3.69	3.58	3.50	3.44	3.39	3.34	3.28	3.23	3.20	3.15	3.08	3.05	3.03	2.98	2.94	2.93
9	5.12	4.26	3.86	3.63	3.48	3.37	3.29	3.23	3.18	3.13	3.07	3.02	2.98	2.93	2.86	2.82	2.80	2.76	2.72	2.71
10	4.96	4.10	3.71	3.48	3.33	3.22	3.14	3.07	3.02	2.97	2.91	2.86	2.82	2.77	2.70	2.67	2.64	2.59	2.55	2.54
11	4.84	3.98	3.59	3.36	3.20	3.09	3.01	2.95	2.90	2.86	2.79	2.74	2.70	2.65	2.57	2.53	2.50	2.45	2.41	2.40
12	4.75	3.88	3.49	3.26	3.11	3.00	2.92	2.85	2.80	2.76	2.69	2.64	2.60	2.54	2.46	2.42	2.40	2.35	2.31	2.30
13	4.67	3.80	3.41	3.18	3.02	2.92	2.84	2.77	2.72	2.67	2.60	2.55	2.51	2.46	2.38	2.34	2.32	2.26	2.22	2.21
14	4.60	3.74	3.34	3.11	2.96	2.85	2.77	2.70	2.65	2.60	2.53	2.48	2.44	2.39	2.31	2.27	2.24	2.19	2.14	2.13
15	4.54	3.68	3.29	3.06	2.90	2.79	2.70	2.64	2.59	2.55	2.48	2.43	2.39	2.33	2.25	2.21	2.18	2.12	2.08	2.07
16	4.49	3.63	3.24	3.01	2.85	2.74	2.66	2.59	2.54	2.49	2.42	2.37	2.33	2.28	2.20	2.16	2.13	2.07	2.02	2.01
17	4.45	3.59	3.20	2.96	2.81	2.70	2.62	2.55	2.50	2.45	2.38	2.33	2.29	2.23	2.15	2.11	2.08	2.02	1.97	1.96
18	4.41	3.55	3.16	2.93	2.77	2.66	2.58	2.51	2.46	2.41	2.34	2.29	2.25	2.19	2.11	2.07	2.04	1.98	1.93	1.92
19	4.38	3.52	3.13	2.90	2.74	2.63	2.55	2.48	2.43	2.38	2.31	2.26	2.21	2.15	2.07	2.02	2.00	1.94	1.90	1.88
20	4.35	3.49	3.10	2.87	2.71	2.60	2.52	2.45	2.40	2.35	2.28	2.23	2.18	2.12	2.04	1.99	1.96	1.90	1.85	1.84
25	4.24	3.38	2.99	2.76	2.60	2.49	2.41	2.34	2.28	2.24	2.16	2.11	2.06	2.00	1.92	1.87	1.84	1.77	1.72	1.71
30	4.17	3.32	2.92	2.69	2.53	2.42	2.34	2.27	2.21	2.16	2.09	2.04	1.99	1.93	1.84	1.79	1.76	1.69	1.64	1.62
50	4.03	3.18	2.79	2.56	2.40	2.29	2.20	2.13	2.07	2.02	1.95	1.90	1.85	1.78	1.69	1.63	1.60	1.52	1.46	1.44
60	4.00	3.15	2.76	2.52	2.37	2.25	2.17	2.10	2.04	1.99	1.92	1.86	1.81	1.75	1.65	1.59	1.56	1.48	1.41	1.39
100	3.94	3.09	2.70	2.46	2.30	2.19	2.10	2.03	1.97	1.92	1.85	1.79	1.75	1.68	1.57	1.51	1.48	1.39	1.30	1.28
200	3.89	3.04	2.65	2.41	2.26	2.14	2.05	1.98	1.92	1.87	1.80	1.74	1.69	1.62	1.52	1.45	1.42	1.32	1.22	1.19
400	3.86	3.02	2.62	2.39	2.23	2.12	2.03	1.96	1.90	1.85	1.78	1.72	1.67	1.60	1.49	1.42	1.38	1.28	1.16	1.13
1000	3.85	3.00	2.61	2.38	2.22	2.10	2.02	1.95	1.89	1.84	1.76	1.70	1.65	1.58	1.47	1.41	1.36	1.26	1.13	1.08
∞	3.84	2.99	2.60	2.37	2.21	2.09	2.01	1.94	1.88	1.83	1.75	1.69	1.64	1.57	1.46	1.40	1.35	1.24	1.11	1.00

スネデカー，コクラン（畑村，奥野，津村訳）：『統計的方法』（原書第 6 版），（岩波書店，1972）より引用.

附表

附表 5　F 分布（その2）($\alpha=0.01$)　$\displaystyle\int_u^\infty W_{Y(N_1,N_2)}(x)\,dx=0.01$ となる N_1, N_2, u の値

$N_2 \backslash N_1$	1	2	3	4	5	6	7	8	9	10	12	14	16	20	30	40	50	100	500	∞
1	4,052	4,999	5,403	5,625	5,764	5,859	5,928	5,981	6,022	6,056	6,106	6,142	6,169	6,208	6,261	6,286	6,302	6,334	6,361	6,366
2	98.49	99.00	99.17	99.25	99.30	99.33	99.36	99.37	99.39	99.40	99.42	99.43	99.44	99.45	99.47	99.48	99.48	99.49	99.50	99.50
3	34.12	30.82	29.46	28.71	28.24	27.91	27.67	27.49	27.34	27.23	27.05	26.92	26.83	26.69	26.50	26.41	26.35	26.23	26.14	26.12
4	21.20	18.00	16.69	15.98	15.52	15.21	14.98	14.80	14.66	14.54	14.37	14.24	14.15	14.02	13.83	13.74	13.69	13.57	13.48	13.46
5	16.26	13.27	12.06	11.39	10.97	10.67	10.45	10.29	10.15	10.05	9.89	9.77	9.68	9.55	9.38	9.29	9.24	9.13	9.04	9.02
6	13.74	10.92	9.78	9.15	8.75	8.47	8.26	8.10	7.98	7.87	7.72	7.60	7.52	7.39	7.23	7.14	7.09	6.99	6.90	6.88
7	12.25	9.55	8.45	7.85	7.46	7.19	7.00	6.84	6.71	6.62	6.47	6.35	6.27	6.15	5.98	5.90	5.85	5.75	5.67	5.65
8	11.26	8.65	7.59	7.01	6.63	6.37	6.19	6.03	5.91	5.82	5.67	5.56	5.48	5.36	5.20	5.11	5.06	4.96	4.88	4.86
9	10.56	8.02	6.99	6.42	6.06	5.80	5.62	5.47	5.35	5.26	5.11	5.00	4.92	4.80	4.64	4.56	4.51	4.41	4.33	4.31
10	10.04	7.56	6.55	5.99	5.64	5.39	5.21	5.06	4.95	4.85	4.71	4.60	4.52	4.41	4.25	4.17	4.12	4.01	3.93	3.91
11	9.65	7.20	6.22	5.67	5.32	5.07	4.88	4.74	4.63	4.54	4.40	4.29	4.21	4.10	3.94	3.86	3.80	3.70	3.62	3.60
12	9.33	6.93	5.95	5.41	5.06	4.82	4.65	4.50	4.39	4.30	4.16	4.05	3.98	3.86	3.70	3.61	3.56	3.46	3.38	3.36
13	9.07	6.70	5.74	5.20	4.86	4.62	4.44	4.30	4.19	4.10	3.96	3.85	3.78	3.67	3.51	3.42	3.37	3.27	3.18	3.16
14	8.86	6.51	5.56	5.03	4.69	4.46	4.28	4.14	4.03	3.94	3.80	3.70	3.62	3.51	3.34	3.26	3.21	3.11	3.02	3.00
15	8.68	6.36	5.42	4.89	4.56	4.32	4.14	4.00	3.89	3.80	3.67	3.56	3.48	3.36	3.20	3.12	3.07	2.97	2.89	2.87
16	8.53	6.23	5.29	4.77	4.44	4.20	4.03	3.89	3.78	3.69	3.55	3.45	3.37	3.25	3.10	3.01	2.96	2.86	2.77	2.75
17	8.40	6.11	5.18	4.67	4.34	4.10	3.93	3.79	3.68	3.59	3.45	3.35	3.27	3.16	3.00	2.92	2.86	2.76	2.67	2.65
18	8.28	6.01	5.09	4.58	4.25	4.01	3.85	3.71	3.60	3.51	3.37	3.27	3.19	3.07	2.91	2.83	2.78	2.68	2.59	2.57
19	8.18	5.93	5.01	4.50	4.17	3.94	3.77	3.63	3.52	3.43	3.30	3.19	3.12	3.00	2.84	2.76	2.70	2.60	2.51	2.49
20	8.10	5.85	4.94	4.43	4.10	3.87	3.71	3.56	3.45	3.37	3.23	3.13	3.05	2.94	2.77	2.69	2.63	2.53	2.44	2.42
25	7.77	5.57	4.68	4.18	3.86	3.63	3.46	3.32	3.21	3.13	2.99	2.89	2.81	2.70	2.54	2.45	2.40	2.29	2.19	2.17
30	7.56	5.39	4.51	4.02	3.70	3.47	3.30	3.17	3.06	2.98	2.84	2.74	2.66	2.55	2.38	2.29	2.24	2.13	2.03	2.01
40	7.31	5.18	4.31	3.83	3.51	3.29	3.12	2.99	2.88	2.80	2.66	2.56	2.49	2.37	2.20	2.11	2.05	1.94	1.84	1.81
50	7.17	5.06	4.20	3.72	3.41	3.18	3.02	2.88	2.78	2.70	2.56	2.46	2.39	2.26	2.10	2.00	1.94	1.82	1.71	1.68
60	7.08	4.98	4.13	3.65	3.34	3.12	2.95	2.82	2.72	2.63	2.50	2.40	2.32	2.20	2.03	1.93	1.87	1.74	1.63	1.60
100	6.90	4.82	3.98	3.51	3.20	2.99	2.82	2.69	2.59	2.51	2.36	2.26	2.19	2.06	1.89	1.79	1.73	1.59	1.46	1.43
200	6.76	4.71	3.88	3.41	3.11	2.90	2.73	2.60	2.50	2.41	2.28	2.17	2.09	1.97	1.79	1.69	1.62	1.48	1.33	1.28
400	6.70	4.66	3.83	3.36	3.06	2.85	2.69	2.55	2.46	2.37	2.23	2.12	2.04	1.92	1.74	1.64	1.57	1.42	1.24	1.19
1000	6.66	4.62	3.80	3.34	3.04	2.82	2.66	2.53	2.43	2.34	2.20	2.09	2.01	1.89	1.71	1.61	1.54	1.38	1.19	1.11
∞	6.64	4.60	3.78	3.32	3.02	2.80	2.64	2.51	2.41	2.32	2.18	2.07	1.99	1.87	1.69	1.59	1.52	1.36	1.15	1.00

スネデカー，コクラン（畑村，奥野，津村訳）：『統計的方法』(原書第 6 版)，（岩波書店，1972）より引用.

$W_{Y(N_1,N_2)}(x)$　1%

附表6 t 分布

$$\int_u^\infty W_{T(N)}(x)dx=\frac{\alpha}{2} \ \text{となる} \ \alpha, u \ \text{の値}$$

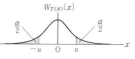

自由度	絶対値がこれより大きな値をうる確率 α								
N	0.500	0.400	0.200	0.100	0.050	0.025	0.010	0.005	0.001
1	1.000	1.376	3.078	6.314	12.706	25.452	63.657		
2	0.816	1.061	1.886	2.920	4.303	6.205	9.925	14.089	31.598
3	0.765	0.978	1.638	2.353	3.182	4.176	5.841	7.453	12.941
4	0.741	0.941	1.533	2.132	2.776	3.495	4.604	5.598	8.610
5	0.727	0.920	1.476	2.015	2.571	3.163	4.032	4.773	6.859
6	0.718	0.906	1.440	1.943	2.447	2.969	3.707	4.317	5.959
7	0.711	0.896	1.415	1.895	2.365	2.841	3.499	4.029	5.405
8	0.706	0.889	1.397	1.860	2.306	2.752	3.355	3.832	5.041
9	0.703	0.883	1.383	1.833	2.262	2.685	3.250	3.690	4.781
10	0.700	0.879	1.372	1.812	2.228	2.634	3.169	3.581	4.587
11	0.697	0.876	1.363	1.796	2.201	2.593	3.106	3.497	4.437
12	0.695	0.873	1.356	1.782	2.179	2.560	3.055	3.428	4.318
13	0.694	0.870	1.350	1.771	2.160	2.533	3.012	3.372	4.221
14	0.692	0.868	1.345	1.761	2.145	2.510	2.977	3.326	4.140
15	0.691	0.866	1.341	1.753	2.131	2.490	2.947	3.286	4.073
16	0.690	0.865	1.337	1.746	2.120	2.473	2.921	3.252	4.015
17	0.689	0.863	1.333	1.740	2.110	2.458	2.898	3.222	3.965
18	0.688	0.862	1.330	1.734	2.101	2.445	2.878	3.197	3.922
19	0.688	0.861	1.328	1.729	2.093	2.433	2.861	3.174	3.883
20	0.687	0.860	1.325	1.725	2.086	2.423	2.845	3.153	3.850
25	0.684	0.856	1.316	1.708	2.060	2.385	2.787	3.078	3.725
30	0.683	0.854	1.310	1.697	2.042	2.360	2.750	3.030	3.646
35	0.682	0.852	1.306	1.690	2.030	2.342	2.724	2.996	3.591
40	0.681	0.851	1.303	1.684	2.021	2.329	2.704	2.971	3.551
45	0.680	0.850	1.301	1.680	2.014	2.319	2.690	2.952	3.520
50	0.680	0.849	1.299	1.676	2.008	2.310	2.678	2.937	3.496
55	0.679	0.849	1.297	1.673	2.004	2.304	2.669	2.925	3.476
60	0.679	0.848	1.296	1.671	2.000	2.299	2.660	2.915	3.460
70	0.678	0.847	1.294	1.667	1.994	2.290	2.648	2.899	3.435
80	0.678	0.847	1.293	1.665	1.989	2.284	2.638	2.887	3.416
90	0.678	0.846	1.291	1.662	1.986	2.279	2.631	2.878	3.402
100	0.677	0.846	1.290	1.661	1.982	2.276	2.625	2.871	3.390
120	0.677	0.845	1.289	1.658	1.980	2.270	2.617	2.860	3.373
∞	0.6745	0.8416	1.2816	1.6448	1.9600	2.2414	2.5758	2.8070	3.2905

スネデカー，コクラン(畑村，奥野，津村訳)：『統計的方法』(原書第6版)，
(岩波書店，1972)より引用.

索　引

柴田文明

1971年東京教育大学大学院理学研究科物理学専攻博士課程修了(理学博士). 1972年東京大学理学部助手, 1976年お茶の水女子大学理学部助教授, 1987年同教授, 現在お茶の水女子大学名誉教授.
専攻, 統計物理学, 特に非平衡量子統計力学.
主な著書,『量子と非平衡系の物理』(共著, 東京大学出版会)

理工系の基礎数学 新装版
確率・統計

1996 年 9 月 18 日	第 1 刷発行
2014 年 1 月 15 日	第 13 刷発行
2022 年 11 月 9 日	新装版第 1 刷発行

著　者　柴田文明 (しばた ふみあき)

発行者　坂本政謙

発行所　株式会社 岩波書店
〒101-8002 東京都千代田区一ツ橋 2-5-5
電話案内 03-5210-4000
https://www.iwanami.co.jp/

印刷製本・法令印刷

吉川圭二・和達三樹・薩摩順吉 編

理工系の基礎数学[新装版]

A5 判並製(全 10 冊)

理工系大学 1〜3 年生で必要な数学を，現代的視点から全 10 巻にまとめた．物理を中心とする数理科学の研究・教育経験豊かな著者が，直観的な理解を重視してわかりやすい説明を心がけたので，自力で読み進めることができる．また適切な演習問題と解答により十分な応用力が身につく．「理工系の数学入門コース」より少し上級．

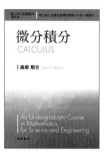

微分積分	薩摩順吉	248 頁	定価 3630 円
線形代数	藤原毅夫	240 頁	定価 3630 円
常微分方程式	稲見武夫	248 頁	定価 3630 円
偏微分方程式	及川正行	272 頁	定価 4070 円
複素関数	松田　哲	224 頁	定価 3630 円
フーリエ解析	福田礼次郎	240 頁	定価 3630 円
確率・統計	柴田文明	240 頁	定価 3630 円
数値計算	髙橋大輔	216 頁	定価 3410 円
群と表現	吉川圭二	264 頁	定価 3850 円
微分・位相幾何	和達三樹	280 頁	定価 4180 円

━━━━━ 岩波書店刊 ━━━━━

定価は消費税 10% 込です

2022 年 11 月現在

戸田盛和・広田良吾・和達三樹 編
理工系の数学入門コース
A5 判並製（全 8 冊）　　　　　［新装版］

学生・教員から長年支持されてきた教科書シリーズの新装版．理工系のどの分野に進む人にとっても必要な数学の基礎をていねいに解説．詳しい解答のついた例題・問題に取り組むことで，計算力・応用力が身につく．

微分積分	和達三樹	270 頁	定価 2970 円
線形代数	戸田盛和 浅野功義	192 頁	定価 2750 円
ベクトル解析	戸田盛和	252 頁	定価 2860 円
常微分方程式	矢嶋信男	244 頁	定価 2970 円
複素関数	表　実	180 頁	定価 2750 円
フーリエ解析	大石進一	234 頁	定価 2860 円
確率・統計	薩摩順吉	236 頁	定価 2750 円
数値計算	川上一郎	218 頁	定価 3080 円

戸田盛和・和達三樹 編
理工系の数学入門コース／演習［新装版］
A5 判並製（全 5 冊）

微分積分演習	和達三樹 十河　清	292 頁	定価 3850 円
線形代数演習	浅野功義 大関清太	180 頁	定価 3300 円
ベクトル解析演習	戸田盛和 渡辺慎介	194 頁	定価 3080 円
微分方程式演習	和達三樹 矢嶋　徹	238 頁	定価 3520 円
複素関数演習	表　実 迫田誠治	210 頁	定価 3300 円

―――――― 岩 波 書 店 刊 ――――――
定価は消費税 10% 込です
2022 年 11 月現在

長岡洋介・原康夫 編

岩波基礎物理シリーズ[新装版]

A5 判並製（全 10 冊）

理工系の大学 1〜3 年向けの教科書シリーズの新装版．教授経験豊富な一流の執筆者が数式の物理的意味を丁寧に解説し，理解の難所で読者をサポートする．少し進んだ話題も工夫してわかりやすく盛り込み，応用力を養う適切な演習問題と解答も付した．コラムも楽しい．どの専門分野に進む人にとっても「次に役立つ」基礎力が身につく．

力学・解析力学	阿部龍蔵	222 頁	定価 2970 円
連続体の力学	巽　友正	350 頁	定価 4510 円
電磁気学	川村　清	260 頁	定価 3850 円
物質の電磁気学	中山正敏	318 頁	定価 4400 円
量子力学	原　康夫	276 頁	定価 3300 円
物質の量子力学	岡崎　誠	274 頁	定価 3850 円
統計力学	長岡洋介	324 頁	定価 3520 円
非平衡系の統計力学	北原和夫	296 頁	定価 4620 円
相対性理論	佐藤勝彦	244 頁	定価 3410 円
物理の数学	薩摩順吉	300 頁	定価 3850 円

──── 岩波書店刊 ────

定価は消費税 10% 込です
2022 年 11 月現在

戸田盛和・中嶋貞雄 編
物理入門コース [新装版]
A5 判並製（全 10 冊）

理工系の学生が物理の基礎を学ぶための理想
的なシリーズ．第一線の物理学者が本質を徹
底的にかみくだいて説明．詳しい解答つきの
例題・問題によって，理解が深まり，計算力
が身につく．長年支持されてきた内容はその
まま，薄く，軽く，持ち歩きやすい造本に．

力　学	戸田盛和	258 頁	定価 2640 円
解析力学	小出昭一郎	192 頁	定価 2530 円
電磁気学 I　電場と磁場	長岡洋介	230 頁	定価 2640 円
電磁気学 II　変動する電磁場	長岡洋介	148 頁	定価 1980 円
量子力学 I　原子と量子	中嶋貞雄	228 頁	定価 2970 円
量子力学 II　基本法則と応用	中嶋貞雄	240 頁	定価 2970 円
熱・統計力学	戸田盛和	234 頁	定価 2750 円
弾性体と流体	恒藤敏彦	264 頁	定価 3300 円
相対性理論	中野董夫	234 頁	定価 3190 円
物理のための数学	和達三樹	288 頁	定価 2860 円

戸田盛和・中嶋貞雄 編
物理入門コース／演習 [新装版]　A5 判並製（全 5 冊）

例解　力学演習	戸田盛和 渡辺慎介	202 頁	定価 3080 円
例解　電磁気学演習	長岡洋介 丹慶勝市	236 頁	定価 3080 円
例解　量子力学演習	中嶋貞雄 吉岡大二郎	222 頁	定価 3520 円
例解　熱・統計力学演習	戸田盛和 市村　純	222 頁	定価 3520 円
例解　物理数学演習	和達三樹	196 頁	定価 3520 円

―――――――――――― 岩波書店刊 ――――――――――――
定価は消費税 10% 込です
2022 年 11 月現在

ファインマン，レイトン，サンズ 著

ファインマン物理学[全5冊]

B5判並製

物理学の素晴しさを伝えることを目的になされたカリフォルニア工科大学1，2年生向けの物理学入門講義．読者に対する話しかけがあり，リズムと流れがある大変個性的な教科書である．物理学徒必読の名著．

Ⅰ	力学	坪井忠二 訳	396頁 定価3740円
Ⅱ	光・熱・波動	富山小太郎 訳	414頁 定価4180円
Ⅲ	電磁気学	宮島龍興 訳	330頁 定価3740円
Ⅳ	電磁波と物性[増補版]	戸田盛和 訳	380頁 定価4400円
Ⅴ	量子力学	砂川重信 訳	510頁 定価4730円

ファインマン，レイトン，サンズ 著／河辺哲次 訳

ファインマン物理学問題集[全2冊]　B5判並製

名著『ファインマン物理学』に完全準拠する初の問題集．ファインマン自身が講義した当時の演習問題を再現し，ほとんどの問題に解答を付した．学習者のために，標準的な問題に限って日本語版独自の「ヒントと略解」を加えた．

1	主として『ファインマン物理学』のⅠ，Ⅱ巻に対応して，力学，光・熱・波動を扱う．	200頁 定価2970円
2	主として『ファインマン物理学』のⅢ〜Ⅴ巻に対応して，電磁気学，電磁波と物性，量子力学を扱う．	156頁 定価2530円

──────── 岩波書店刊 ────────

定価は消費税10%込です
2022年11月現在

松坂和夫
数学入門シリーズ（全6巻）

松坂和夫著　菊判並製

高校数学を学んでいれば，このシリーズで大学数学の基礎が体系的に自習できる．わかりやすい解説で定評あるロングセラーの新装版.

―――――岩波書店刊―――――
定価は消費税 10% 込です
2022 年 11 月現在

新装版 数学読本（全6巻）

松坂和夫著　菊判並製

中学・高校の全範囲をあつかいながら，大学
数学の入り口まで独習できるように構成．深
く豊かな内容を一貫した流れで解説する．

1	自然数・整数・有理数や無理数・実数などの諸性質，式の計算，方程式の解き方などを解説．	226 頁	定価 2310 円
2	簡単な関数から始め，座標を用いた基本的図形を調べたあと，指数関数・対数関数・三角関数に入る．	238 頁	定価 2640 円
3	ベクトル，複素数を学んでから，空間図形の性質，2次式で表される図形へと進み，数列に入る．	236 頁	定価 2640 円
4	数列，級数の諸性質など中等数学の足がためをしたのち，順列と組合せ，確率の初歩，微分法へと進む．	280 頁	定価 2970 円
5	前巻にひきつづき微積分法の計算と理論の初歩を解説するが，学校の教科書には見られない豊富な内容をあつかう．	292 頁	定価 2970 円
6	行列と1次変換など，線形代数の初歩をあつかい，さらに数論の初歩，集合・論理などの現代数学の基礎概念へ．	228 頁	定価 2530 円

── 岩波書店刊 ──

定価は消費税 10% 込です
2022 年 11 月現在